腐食抑制剤の基礎と応用

—高分子化合物を中心に—

工学博士 **湯浅　真** 著

コロナ社

ま え が き

　腐食抑制剤（別名，腐食インヒビター）は，従来から，金属の腐食抑制に用いられており，1章の表1.1に示すように，多くの薬剤が検討されている。

　ここでは，非常に多用されている冷却水系，ボイラー系などのような水誘導装置系について，下記の1）～6）のように順を追って説明する。

1）従来からの腐食抑制剤（モリブデン酸塩，リグニンスルホン酸など）

2）天然ポリフェノール系（高分子）腐食抑制剤（タンニン酸，没食子酸など）

3）合成ポリフェノール系高分子腐食抑制剤

4）合成アニオン系高分子腐食抑制剤（共重合体も含まれる）

5）合成ポリカフェ酸＋合成ポリアクリル酸の複合系の高分子腐食抑制剤（ポリフェノール＋ポリアクリル酸，3）＋4））

6）高分子間コンプレックス系腐食抑制剤

　さらに，それらの興味深い作用機構についても言及する。特に，このような各種水質系において，中性（pH 7）環境においては，腐食抑制を行う腐食抑制剤，さらに，アルカリ性（pH 11）環境においては，腐食抑制とスケール抑制の相乗的な効果を行う腐食抑制剤が必要となってくる。

　また，その腐食抑制剤濃度の低減は，環境問題，資源問題などにおいても，重要な検討課題の一つであり，このためには現状に即した水質と金属腐食の関係を明確にする必要がある。そのためにも，各種の水質因子の影響による水の腐食性の指標である，Langelier 指数（飽和指数），Ryznar 指数（安定度指数），補正 Ryznar 指数，Larson 指数などが検討されている。そのため，本書では，

7）水の安定度指数と腐食抑制剤との関係

について，一章を設けて説明している。

　このように，環境問題，資源問題などと非常に密接した「腐食抑制剤（別名，腐食インヒビター）」について，おもに，高分子化合物類を中心に，解説しているので，参考にしていただければ，幸いである。

　なお，この分野の書籍は従来ほとんどなく，学協会の総説，解説などばかりであったが，この書籍の重要性を理解し，協力していただいたコロナ社の皆様に心より感謝申し上げる。どうもありがとうございます。

　2023 年 10 月

湯浅　真

目　　　次

1. は じ め に

2. 従来から使用されている腐食抑制剤の効果と問題点

3．天然物ポリフェノール系高分子腐食抑制剤（タンニン酸，（比較として，活性中心の低分子系）没食子酸など）

4．合成ポリフェノール系高分子腐食抑制剤

5．合成高分子腐食抑制剤（カチオン系，共重合体系も含む）

6．合成ポリカフェ酸と合成ポリアクリル酸の複合系腐食抑制剤
　（ポリフェノール＋ポリアクリル酸（**4**＋**5**）の複合系）

7. 高分子間コンプレックス（PPC）系腐食抑制剤

8. 水の安定度指数と腐食抑制剤との関係

9. お わ り に

1. は じ め に

1.1 水誘導装置とその問題点

水誘導装置とは，**冷却水系**，**ボイラー系**など，水を使用するプラント内に水を通す装置のことである。水誘導装置では水と装置の金属部分が直接接するので，金属部分の腐食が生じやすい。また，アルカリ環境下（pH 10 〜 11）においては，水から**スケール**が析出し，配管に詰まりが生じやすくなる。

このように水誘導装置内に腐食物やスケールが堆積すると，配管を流れる水量が減るため，冷却水系やボイラー系では熱交換率が著しく低下する。さらに，配管が目詰まりを起こしたり，水が逆流するなどの悪影響が多くなる。

これらの悪影響のうち，腐食による障害を抑制するために，**腐食抑制剤（インヒビター）**が用いられる。

1.2 腐食抑制剤の種類と特徴

現在，腐食抑制剤は**表 1.1**[1),2)]†のように分類されている。特に最近では，物質として**高分子化合物類**が考えられるようになってきているので，これらを中心にして腐食抑制剤について，本書では紹介していく。

高分子を用いた腐食抑制剤（**高分子腐食抑制剤**）は，**吸着皮膜型**の機能以外

---

† 肩付き数字は巻末の引用・参考文献の番号を表す。

表 1.1　腐食抑制剤の分類 [1),2)]

腐食抑制剤の作用する対象による分類	Ⅰ型：腐食環境自体に働いて，その腐食性を軽減するもの（例）亜硫酸塩，ヒドラジンなど	
	Ⅱ型：金属表面に作用して，その表面を不活性にするもの（作用機構による分類）	1) 酸化皮膜型（例）クロム酸塩，モリブデン酸塩，タングステン酸塩，<u>高分子化合物類</u>など
		2) 沈殿皮膜型（例）亜鉛塩，リン酸塩，複素環類など
		3) 吸着皮膜型（例）アミン類，メルカプタン類，界面活性剤類，<u>高分子化合物類</u>など
電気化学作用による分類	a）局部カソード支配型	
	b）局部アノード支配型	
	c）混合支配型	

に，**スケール抑制能**，**脱酸素能**などを有する薬剤もあるので，近年，多用され始めている。

　冷却水系，ボイラー系のような水誘導装置では，中性（pH 7）環境においては，**腐食抑制**を行う腐食抑制剤が必要である。さらに，アルカリ性（pH 10 〜 11）環境においては，腐食抑制と**スケール抑制**の相乗的な効果を示す腐食抑制剤が必要となってくる。実際にどの腐食抑制剤を使用するかを決めるには，まずは ① 従来からの腐食抑制剤（**モリブデン酸塩**，**リグニンスルホン酸**など）の検討をし，それらとともに「新規な腐食抑制剤」（表 1.1 の下線____部分の腐食抑制剤）として，② **天然ポリフェノール系**高分子腐食抑制剤（タンニン酸，没食子酸など），③ **合成ポリフェノール系高分子腐食抑制剤**，④ **合成アニオン系高分子腐食抑制剤**（共重合体も含まれる），⑤ 合成ポリカフェ酸＋合成ポリアクリル酸の複合系の高分子腐食抑制剤（ポリフェノール＋ポリアクリル酸，③＋④），および ⑥ **高分子間コンプレックス系腐食抑制剤**を検討していくことになる。

　さらに，これら以外にも各種環境，すなわち炭酸ガス吸収プロセス，および新規な物質，シッフ塩の金属錯体系の腐食抑制剤についても検討されてい

る [3]～[8]。

1.3　水の安定度指数

　腐食抑制剤は冷却水系，ボイラー系のような水誘導装置においては重要な薬剤であるが，その一方で腐食抑制剤濃度を低減することは，環境問題，資源問題などにおいて重要な検討課題の一つとなっている。そのため，現状に即した水質と金属腐食の関係を明確にする必要がある。各種の**水質因子**の影響による水の腐食性の指標として，Langelier 指数（**飽和指数**），Ryznar 指数（**安定度指数**，以下本書では安定度指数と示す），補正 Ryznar 指数，Larson 指数などが検討されている [9]～[16]。例えば，飽和指数および安定度指数は，スケールとして炭酸カルシウム（$CaCO_3$）が析出するか，あるいは，溶解するかの指標であり，次式で求められる。

コラム①　安定度指数と安定度定数の違い

　本文中に登場する「安定度指数」とよく似た用語に「安定度定数」がある。似ているが別の用語であるので，注意が必要である。

　安定度指数（stability index, SI）：各種の水質因子の影響による水の腐食性の指標である。参考：本文中に示すように，安定度指数とは Ryznar（リズナー）指数ともいい，実際の pH と炭酸カルシウム飽和 pH（pHs）から求められた指標（$2\,pHs - pH$）で，水の腐食性・スケール性の傾向を示し，冷却水などの水質や濃縮倍率の管理上重要な項目である。安定度指数が 8 以上は腐食性，6 以下はスケール性を示し，6.5 ～ 7 が最適値である。

　安定度定数（stability constant）：錯体化学において，一般的には錯体の水溶液中における安定性を表す指標であり，安定度定数は錯生成定数とも呼ばれる [17]。

$$（飽和指数）= pH - pHs \tag{1.1}$$

$$（安定度指数）= 2pHs - pH \tag{1.2}$$

$$pHs =（9.3 + A + B）-（C + D） \tag{1.3}$$

ただし, pH：溶液の pH（測定値）, pHs：腐食発生とスケール発生の均衡が得られる pH, すなわち, スケールが析出し始める限界の pH であり, 式（1.3）より計算される。またA～Dのパラメータは, A：全固形物係数, B：温度係数, C：カルシウム硬度係数, およびD：M-アルカリ係数である（A～Dの係数は既存の飽和指数計算図表より求める）。

算出された飽和指数および安定度指数により, 水質を式（1.4）のように判断する[9),10),12)~16)]。

$$\begin{cases} （安定度指数）<6 & ［（飽和指数）>0］：スケール生成傾向 \\ （安定度指数）=6 & ［（飽和指数）=0］：化学平衡状態 \\ （安定度指数）>6 & ［（飽和指数）<0］：腐食性傾向 \end{cases} \tag{1.4}$$

しかしながら, 現在の多様化した水質条件に, これらの指数が完全に対応するかは疑問である。そこで本書では, 腐食抑制剤の添加濃度の低減による, より高度な防食システム構築のための基礎知見を得るため, 水の腐食性の指標である安定度指数や軟鋼の腐食速度に及ぼす水質因子（**シリカ**（$= SiO_2$）, **塩化物イオン**（**=塩素イオン**$= Cl^-$）など）の影響を検討している。特に, これら水質因子が及ぼす式（1.4）で示されるような安定度指数と腐食速度への影響について検討している。そしてそれらの点を考慮しながら, 水誘導装置における腐食抑制剤[2)]について解説していく。

コラム②　循環水の低濃縮水条件と高濃縮水条件

　本書では「冷却水系」として，図[2)のc)]に示す開放循環式冷却水系を考え
ている。開放循環式では，水が冷却塔で冷却される際に空気と接触するた
め，空気飽和条件の溶存酸素がつねに補給され，循環水による金属の腐食
リスクが恒常的に生じている。また，冷却塔では水の蒸発，飛散などが頻
繁に生じるため，運転初期などでの「低濃縮（LC）水条件」および循環し
ていく中で水中の成分が濃縮された「高濃縮（HC）水条件」の二つの条件
が生じ，相対的に前者は高腐食性・低スケール性および後者は低腐食性・
高スケール性の環境を呈することになる[2)のc)]。

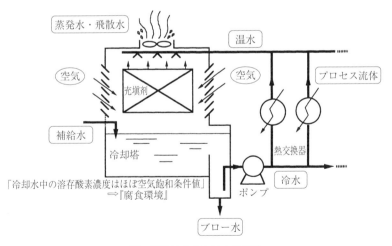

図　開放循環式冷却水系[2)のc)]

2. 従来から使用されている腐食抑制剤の効果と問題点

従来から使用されている腐食抑制剤には，前述の表1.1のようなものがある。一方，日本における冷却水系の装置金属材料はおもに軟鋼（SS 400）であり，軟鋼用の腐食抑制剤の変遷を**図2.1**[2)のc)]に示す。

1960年代初期に，ヘキサメタリン酸塩，トリポリリン酸塩などのポリリン酸塩，さらに，これと亜鉛塩の複合系が検討された。特に，ポリリン酸塩の単独系が多用されたが，沈殿皮膜の成長制御，薬剤の安定性などに問題があり，

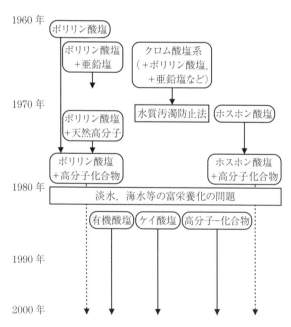

図2.1 開放循環式冷却水系での腐食抑制剤の変遷[2)のc)]

高濃縮（HC）水条件での使用は難しくなった。そこで 1960 年代中期に，クロム酸塩系が検討されて良好な腐食抑制能を示したが，水質汚濁防止法の環境基準によりクロム酸塩の使用が制限された。この代替としてポリリン酸塩とタンニン，リグニンなどの天然高分子の複合系が検討されたが，従来から使用されていたボイラー系の使用環境と異なったため，効果は低いものであった。

1970 年代初期になると，有機リン酸塩であるアミノトリメチルホスホン酸（ATMP），ヒドロキシエチリデンジホスホン酸（HEDP），ホスホノブタントリカルボン酸（PBTC）などのホスホン酸塩が開発され，ポリリン酸塩と同等な性能，さらに少量添加が可能，化学的に安定，炭酸カルシウム（$CaCO_3$）スケールの抑制などの長所を有しており，HC 水条件でも検討された。さらに，炭酸カルシウム（$CaCO_3$）のスケール化問題を考慮し得るためホスホン酸塩とポリアクリル酸（PAAN：普通，略号は PAA であるが種類が多いため，その仕分けに N を表記してある。そのような意味での N である）などの高分子分散剤との複合系（ホスホン酸塩＋高分子化合物）が検討された。

1980 年代になると，淡水，海水などの富栄養化の問題によりポリリン酸塩，ホスホン酸塩などの規制が生じ，有機酸塩，ケイ酸塩，高分子化合物などの検討が始まり，現在に至っている[2)のc)]。

ここでは，特に着目されたモリブデン酸塩系およびリグニン（特に，リグニンスルホン酸）系の腐食抑制剤などについて説明する。

2.1 モリブデン酸塩系腐食抑制剤

2.1.1 モリブデン酸塩の特徴

モリブデン酸塩は，毒性が低く，軟鋼（SS 400）に対して高い防食効果を有することから，循環式冷却水系やブライン系腐食抑制剤として古くから用いられている。例えば，**図 2.2**[18)]に示すように，中性（pH 7）およびアルカリ性（pH 10）において，軟鋼の腐食抑制試験を行ったところ，モリブデン酸塩 50 ppm 以上の添加において，ほぼ完全に腐食を抑制している。

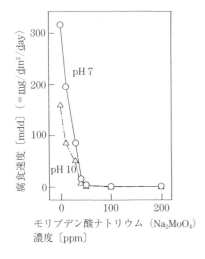

縦軸：腐食速度〔mdd〕（＝mg/dm²/day）

横軸：モリブデン酸ナトリウム（Na₂MoO₄）
濃度〔ppm〕

図 2.2　攪拌および室温下，pH 7 および pH 10 の溶液中における軟鋼の腐食速度とモリブデン酸塩（Na₂MoO₄）の濃度との関係 [18]

　さらに，モリブデン酸塩は，単独でも優れた防食効果を示すが，他の腐食抑制剤であるリン化合物，亜鉛塩，アゾール化合物などと併用することで，相乗的に防食効果を高めることが見出されている [19]~[23]。モリブデン酸塩の防食機構については，溶存酸素共存下において，酸化剤として鋼表面に γ-Fe_2O_3 から成る酸化皮膜を形成して腐食を抑制する説 [24]，3 価の鉄イオンとモリブデン酸から成る不溶性で保護性を有する化合物を鋼表面に生成して腐食を抑制する説 [23],[25],[26] などがある。しかしながら，いずれにしても鋼表面の電位を**不動態領域**まで移行させ，鋼を**不動態化**させることによって腐食を抑制すると考えられている。

　モリブデン酸塩は，このように不動態化剤として高い防食性能を発揮するが，いったん腐食が生じた水系に用いられる場合など，水中に高濃度の鉄イオンが存在する場合に防食性能が低下する傾向が見られる。一例として，鉄イオンを添加したときの腐食速度の変化を**図 2.3** [18] に示す。鉄イオン濃度の増加とともに腐食速度が大きくなり，モリブデン酸塩による防食性能が著しく低下する。

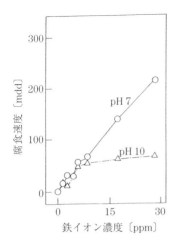

図2.3 攪拌および室温下，pH 7およびpH 10の50 ppmモリブデン酸塩溶液中における軟鋼の腐食速度と鉄イオン濃度との関係[18]

2.1.2 腐食重量減試験

腐食重量減試験とは，腐食抑制剤の最も基本的な情報となる**腐食速度**v〔mdd〕（「mg/dm^2/day」の頭文字をとって「mdd」と示している）および**腐食抑制率**η〔％〕を得るための試験である。腐食抑制剤としては，腐食速度vが小さければ小さいほど良く，腐食抑制率ηは大きければ大きいほど良い（ηは100％が最大値）。なお，**腐食速度**vと腐食抑制率ηの定義は，次式のとおりである。

$$腐食速度 \, v = \frac{w}{A \cdot T} \tag{2.1}$$

$$腐食抑制率 \, \eta = \frac{v_0 - v}{v_0} \times 100 \tag{2.2}$$

（w：重量減少量〔mg〕，A：表面積〔dm^2〕，T：試験期間〔day〕，v_0およびv：おのおの腐食抑制剤が存在しない場合および存在する場合の腐食速度）

モリブデン塩酸を用いた場合の腐食重量減試験後の鋼板は，光沢を残した局部腐食の形成を示し，鉄イオン濃度の増加とともに，腐食面積が増加する傾向がある[18]。これまでモリブデン酸塩の防食効果に及ぼす各種水質因子，すな

わち，溶存酸素，pH，塩化物イオンなどの影響について詳しく研究された例
はあるものの[23),25),26)]，水中の鉄イオンの影響について研究した例はほとんど
ない。以下では，モリブデン酸塩の防食効果に及ぼす水中の鉄イオンの影響を
検討し，その対策の一指針を示していく。

2.1.3　電気化学測定

つぎに，モリブデン酸塩の防食効果に関する**電気化学測定（分極曲線測定，
自然電位の経時測定，交流インピーダンス測定）**の結果について見ていく。

まず，分極曲線測定から，pH 7（**図 2.4**[18)]）および pH 10（**図 2.5**[18)]）の場合，
モリブデン酸塩を添加するとブランクに比べて電流密度が著しく減少し，腐食
が減少する傾向が認められる。

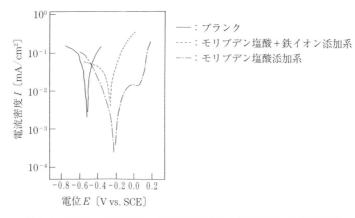

図中凡例：
——：ブランク
………：モリブデン塩酸＋鉄イオン添加系
—・—：モリブデン塩酸添加系

図 2.4　攪拌および室温下，pH 7 の溶液中における軟鋼の分極曲線[18)]

しかしながら，モリブデン酸塩と鉄イオンをともに添加した場合では，電流
密度 I が大きく増加し（中性条件），活性溶解ピークが現れて不動態域の電流
密度の停滞域が狭くなる（アルカリ性）など，モリブデン酸塩の防食性能が低
下している。これらの結果は，腐食重量減試験と対応しており，この分極挙動
からも鉄イオンのモリブデン酸塩による防食作用の妨害が示唆される。

さらに，pH 11 の自然位電位の経時測定（**図 2.6**[18)]）からも，浸漬 24 時間

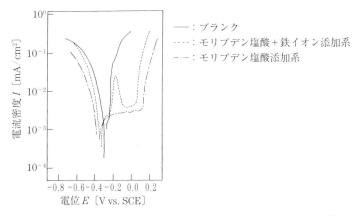

図 2.5 攪拌および室温下，pH 10 の溶液における軟鋼の分極曲線 [18)]

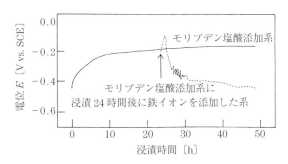

図 2.6 pH 10 の溶液における軟鋼の自然電位と浸漬時間の関係 [18)]

後に鉄イオンを（28.5 ppm Fe^{2+} として）添加した場合，鉄イオン無添加の場合（実線）には，モリブデン酸塩の効果により電位は時間とともに貴に移行し，分極曲線よりの不動態域に相当する電位を示しているが，浸漬途中で鉄イオンを添加した場合は，添加後 3 ～ 7 時間にかけて電位の振動現象が生じ，不動態皮膜の破壊と修復の繰り返しが生じていると考えられる。

また，交流インピーダンス測定（**図 2.7**[18)]）では，モリブデン酸塩のみ添加系では浸漬 6 時間後で大きな半円の一部を示しているが，モリブデン酸塩添加後に鉄イオンを添加した場合，浸漬 27 時間後（鉄イオンを途中添加してから 5.5 時間後），これは自然電位が振動現象を起こしている時間域であるが，イ

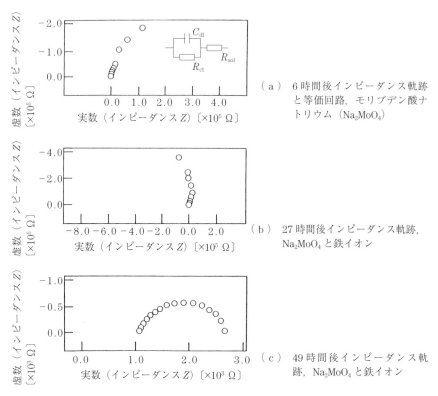

（a） 6 時間後インピーダンス軌跡
と等価回路，モリブデン酸ナ
トリウム（Na$_2$MoO$_4$）

（b） 27 時間後インピーダンス軌跡，
Na$_2$MoO$_4$ と鉄イオン

（c） 49 時間後インピーダンス軌
跡，Na$_2$MoO$_4$ と鉄イオン

図 2.7 浸漬時間 6，27 および 49 時間後の室温における pH 10，50 ppm モリブデン酸塩水溶液中での軟鋼の（交流インピーダンス測定による）ナイキストプロット（＝ Cole-Cole プロット）からの周波数応答[18]

ンピーダンスの軌跡は負の抵抗を示している。これは活性域–不動態遷移域におけるインピーダンス軌跡に現れることが報告されている[13]ことと同様に説明できる。すなわち，鉄イオンの添加により，破壊された不動態皮膜の修復過程であると考えられる。

さらに，鉄イオンを添加してから 24 時間後では図（c）の容量性半円は図（a）に比較すると 1/100 ほどの小さな半円となっている。このことからも，腐食反応が鉄イオン添加の前よりも進行しやすくなっていることが理解できる。

さらに，**図 2.8**[18]に交流インピーダンス測定から求めた電荷移動抵抗（R_{ct}，

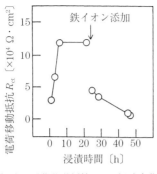
（ a ）　電荷移動抵抗 R_{ct} の経時変化

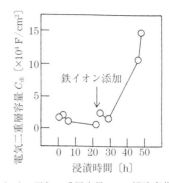
（ b ）　電気二重層容量 C_{dl} の経時変化

図 2.8　攪拌下，室温，pH 10，50 ppm モリブデン酸塩水溶液中での（交流インピーダンス測定より得られる）電荷移動抵抗 R_{ct} および電気二重層容量 C_{dl} の経時変化 [18]

図（ a ））および電気二重層容量（C_{dl}，図（ b ））の経時変化を示す。

　図（ a ）より，最初の 6 時間は徐々に不動態皮膜が形成されて抵抗が大きくなって一定値を示して皮膜が安定化する傾向が見られるが，鉄イオンの添加により皮膜破壊のために抵抗が小さくなると考えられる。また，図（ b ）からもモリブデン酸塩により抑制された鉄電極の C_{dl} は小さくなりほぼ一定の値を示すが，鉄イオンの添加後 C_{dl} は増大している。これは，皮膜が破壊され，腐食が進行し，鋼板上の腐食反応が活性な面積が増大したものと考えられる。

2.1.4　鉄イオンの影響

　2.1.2 項の腐食重量減試験および 2.1.3 項の電気化学的測定の結果より，鉄イオンの添加は，モリブデン酸塩の防食性能を著しく低下させることがわかる。このような**鉄イオンの妨害挙動**の機構として

（1）　溶液中でのモリブデン酸イオンの消費がもたらす不完全な皮膜形成

（2）　鉄イオンの鋼表面への沈殿による皮膜破壊の影響

が考えられる。これらについて順次検討していこう。

　まず，（1）については，モリブデン酸イオンを含む溶液中での鉄の電位-pH 図より，pH 11 以下で不溶性の $FeMnO_4$ を形成することが報告されてい

る[27]。このことから，溶液中のモリブデン酸イオンが不動態皮膜を形成する前に，溶液中の鉄イオンと反応してモリブデン酸イオンが消費され，不完全にしか皮膜が形成されず，見かけモリブデン酸塩の防食性能が低下していることが考えられる。これについて，**図 2.9**[18]のような検討をしてみよう。

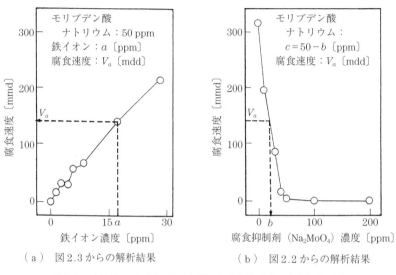

（a）　図 2.3 からの解析結果　　　（b）　図 2.2 からの解析結果

図 2.9　重量減に基づく pH 7 水溶液中での鉄イオン含有における
モリブデン酸塩量の解析結果[18]

　図（a）では，図 2.3 に示すような一定濃度のモリブデン酸塩（50 ppm）を添加した中性溶液（pH 7）における軟鋼の腐食速度は鉄イオン添加とともにほぼ一定に増加している。ここで a〔ppm〕の鉄イオンを添加した場合の軟鋼の腐食速度は鉄イオンの添加とともに V_a〔mdd〕となる。

　また図（b）では，図 2.2 に示すような中性水溶液（pH 7）における軟鋼の腐食速度もモリブデン酸塩添加とともにほぼ一定に減少している。ここで，鉄イオンがモリブデン酸塩とのみ反応し，他の環境因子に影響を与えないと仮定した場合，図（a）での 50 ppm モリブデン酸塩/a〔ppm〕鉄イオン添加溶液における V_a〔mdd〕の腐食速度を有する環境は，図（b）で同じ腐食速度

V_a〔ppm〕を有する b〔ppm〕モリブデン酸塩添加溶液の環境と見かけ同一であると考えられる，c（$=50-b$）〔ppm〕のモリブデン酸が消費されたと推定される。

鉄イオンとモリブデン酸塩により一定組成の $FeMoO_4$ が生じることを考慮すると，もし，上記の（1）の影響のみとモリブデン酸塩の防食性能が低下しているのならば，鉄イオン添加濃度と消費されたモリブデン酸イオンの見かけモル比は，ほぼ一定（約1）になると考えられる。しかし，**表2.1**[18]に示すように，算出されたモル比は約1という一定の値は示されていない。これより，モリブデン酸塩防食性能の低下は，（1）の影響のみでないと考えられる。

表2.1 pH7水溶液中での鉄イオンにより消費されたモリブデン酸塩（Na_2MoO_4）量の解析法および鉄イオン/MoO_4^{2-} のモル比 [18]

鉄イオン量 a〔ppm〕	図2.9（b）のb量 b〔ppm〕	Na_2MoO_4量 c〔ppm〕	鉄イオン/MoO_4^{2-}の モル比〔-〕
4.3	40.7	9.3	1.7
8.5	34.5	15.5	2.0
17.0	22.6	27.4	2.3
28.5	10.8	39.2	2.7

つぎに（2）について考えてみよう。中性水溶液中では，鉄表面から溶出した水和鉄イオン（Fe^{2+} aq.）は，加水分解や溶存酸素による酸化と環境中に共存する各種腐食性化学種の影響を受けて，オキシ水酸化鉄（$FeOOH$）や酸化鉄（Fe_2O_3）などから成るコロイドおよび沈殿物を生成する。**表2.2**[18]に**鉄イオンの沈殿抑制試験**結果を示す。

表2.2から，添加した鉄イオンのほとんどが短時間に不溶化し，沈殿する

表2.2 鉄イオンの沈殿抑制 η の試験結果 [18]

クエン酸（CA）量 〔ppm〕	pH7〔%〕	pH11〔%〕
0	0.5	1.1
50	97.1	95.1

$\eta = C/C_0 \times 100$〔%〕，C_0 および C は，試験前後での上澄み液中の鉄イオン濃度。

傾向があることがわかる。前述の腐食重量減試験において，鉄イオンを添加した系の鋼板が局部腐食の形態を呈していた結果を考え合わせると，モリブデン酸塩の防食性能の低下は，鉄イオンの不溶化と鋼表面への沈殿により，沈殿下部での不動態皮膜の破壊が生じたことにより起こったものと考えられる。すなわち，モリブデン酸塩の腐食抑制作用に及ぼす鉄イオンの影響を各種物理化学的測定により調べた結果，鉄イオンは中性ならびにアルカリ性溶液下で不溶化し，鋼表面へ沈殿化することによって不動態皮膜を破壊し，モリブデン酸塩の防食性能を著しく低下させる。

2.1.5 鉄イオンに対する対策

前述のとおり，鉄イオンの妨害によるモリブデン酸塩防食性能の低下は，鉄イオンの不溶化と鋼表面への沈殿によって引き起こされると推察される。そのため，鉄イオンに対して高い**錯体形成能（キレート能）**を有する有機添加剤として**クエン酸（CA）**を用いて，鉄イオンの妨害を抑制することが試みられている。なお，クエン酸（CA）を用いた検討は，鉄イオンの影響により，防食性能の低下が著しかった中性溶液（pH 7）で行っている。

モリブデン酸塩（50 ppm）および鉄イオン（28.5 ppm，Fe^{2+} として）を添加し，さらにクエン酸（CA）濃度を変化させて添加した場合の腐食重量減試験の結果を**図 2.10**[18)]に示す。

クエン酸（CA）濃度の増加とともに腐食速度が減少する傾向が認められている。クエン酸（CA）は，10 ppm の添加で腐食速度は無添加の場合の1/5 程度となり，モリブデン酸塩と同量の 50 ppm 添加した場合には，ほぼ完全に腐食を抑制している。

電気化学的測定（分極曲線測定，自然電位測定，交流インピーダンス測定） からも同様な結果が得られている。**図 2.11**[18)]に自然電位の経時測定の結果を示す。前述と同様に浸漬 24 時間後に鉄イオンを添加し，電位の経時変化を測定している。鉄イオンの添加により，それまで安定していた電位に小さな乱れが生じたが，ほとんど安定化する傾向が見られている。不動態皮膜が安定に存

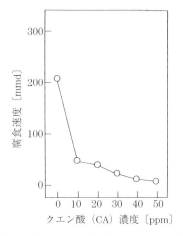

図2.10 撹拌下，室温，pH 7 水溶液中でのクエン酸（CA）濃度による軟鋼の腐食速度の変化[18]

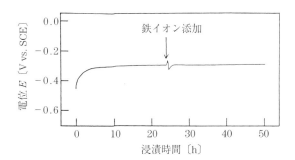

図2.11 撹拌下，室温，pH 7，50 ppm マンガン酸塩および50 ppm クエン酸（CA）添加水溶液中での軟鋼の自然電位と浸漬時間の関係[18]

在していることが推察できる。

さらに，クエン酸（CA）を添加した系および添加しない系での交流インピーダンス測定の結果をナイキスト・プロット（＝Cole-Cole プロット）として**図2.12**[18]に示す。どちらも容量性の半円が得られたが，クエン酸（CA）添加系のほうがより大きい半円を示している。クエン酸（CA）添加により，皮膜破壊の進行が抑えられ，腐食反応の抵抗が増大したものと考えられる。

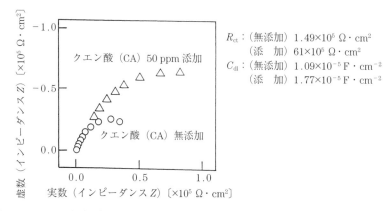

R_{ct}：（無添加）$1.49 \times 10^5\ \Omega \cdot cm^2$
　　　　（添　加）$61 \times 10^5\ \Omega \cdot cm^2$
C_{dl}：（無添加）$1.09 \times 10^{-5}\ F \cdot cm^{-2}$
　　　　（添　加）$1.77 \times 10^{-5}\ F \cdot cm^{-2}$

図 2.12　クエン酸（CA）無添加および 50 ppm 添加における pH 7，50 ppm モリブデン酸塩水溶液中での軟鋼のナイキストプロットによる周波数応答[18]

さらに，クエン酸（CA）の鉄イオンに対する錯体形成能を調べたところ，**図 2.13**[18]の**紫外・可視（UV-vis）吸収スペクトル測定**より，クエン酸（CA）

コラム③　　電気化学測定で使用する参照電極

　電極電位は標準水素電極（SHE）を基準に表記するが，取扱い（・使用）が複雑なので実際の測定に SHE が用いられることはほとんどない。SHE を使用するには 1 atm の水素ガスと pH 0 の水溶液を準備する必要があり，取扱いが面倒なことがその理由である。そのため第二基準電極が用いられ，それらには銀-塩化銀電極（Ag|AgCl，KCl 水溶液）（電位単位を〔V vs. Ag/AgCl〕と表示），甘コウ電極（別名：飽和カロメル電極，Hg|Hg₂ Cl₂，KCl 水溶液）（電位単位を〔V vs. SCE〕と表示）などがある。詳細は電気化学便覧などを参照されたい。なお，25℃における電位の関係は，つぎのようになる。

$$E_{Ag/AgCl} - E_{SHE} = +0.222\ V \quad （[Cl^-] = 1\ mol/dm^{-3}）$$
$$= +0.199\ V \quad （飽和 KCl）$$
$$E_{Hg/Hg2Cl2} - E_{SHE} = E_{SCE} - E_{SHE} = +0.268\ V \quad （[Cl^-] = 1\ mol/dm^{-3}）$$
$$= +0.241\ V \quad （飽和 KCl）$$

【参考文献】
　三浦　隆，佐藤祐一，神谷信行，奥山　優，縄舟秀美，湯浅　真：（応用電気化学シリーズ 7）電気化学の基礎と応用，朝倉書店（2004）

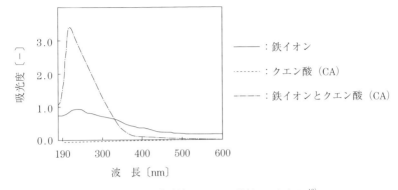

図 2.13　pH 7 水溶液の UV-vis 吸収スペクトル[18]

単独において吸収はほとんどなく，鉄イオンについても単独において吸収ピークは見られなかったが，クエン酸（CA）と鉄イオンを混合することにより，大きな吸収ピークが見られる。これらより，クエン酸（CA）は，鉄イオンと錯体を形成していることが確認される。鉄イオンに対するクエン酸（CA）の沈殿抑制能を調べた結果は表 2.2 に示したとおりである。

　前述のとおり，クエン酸（CA）を添加しない場合，ほとんどの鉄イオンが短時間のうちに不溶化して，沈殿化する傾向が見られたが，クエン酸（CA）を添加することで鉄イオンが錯体化されて沈殿化がほぼ完全に（97.1 ％）抑制できることが確認されている。以上の結果から，クエン酸（CA）は鉄イオンと錯体を形成し，鋼表面への沈殿化を抑制することでモリブデン酸塩により形成される不動態皮膜の破壊を抑制し，モリブデン酸塩の防食性能を保持すると考えられる。

2.1.6　鉄イオンの影響に対する防止策

　以上のように，モリブデン酸塩の防食性能に影響を及ぼす因子として鉄イオンを取り上げ，その影響と防止策について検討した結果，以下のような結論が得られる。

（1） 鉄イオンは，不溶化と鋼表面への沈殿化により，モリブデン酸塩により形成される不動態皮膜を破壊し，モリブデン酸塩の防食性能を大きく低下させる。

（2） クエン酸（CA）は，鉄イオン錯体を形成することにより，鉄イオンの鋼表面への沈殿化を抑え，モリブデン酸塩の防食性能を保持するような作用を示す。

（3） モリブデン酸塩の防食性能は，鉄イオンの共存により大きく低下するが，鉄イオンを錯体化させる添加剤，すなわち，クエン酸（CA）を併用することにより，その影響を抑制することができる。

2.2 リグニン（リグニンスルホン酸）系腐食抑制剤

リグニン誘導体であるリグニンスルホン酸塩には，**無変成型（NTL）**および**変成型（MTL）**があり，その化学組成を**表 2.3**[28]に，基本構造を**図 2.14**[28]に示す。本節では，このリグニンスルホン酸塩を用いた，軟水中の軟鋼（SS 400）に対するその腐食抑制挙動を腐食重量減試験および各種物理化学測定（分極曲線測定，自然電位測定，交流インピーダンス測定，全有機炭素量

コラム④   ステンレスが錆<ruby>錆<rt>さ</rt></ruby>びにくいのは，なぜですか？

ステンレス鋼が錆びにくい（耐食性に優れている）理由は，材質自体によるものではなく，その製造工程において，表面に作られている不動態皮膜と呼ばれる目には見えないごく薄い皮膜の作用によるものである。この皮膜は，クロム（Cr）の含有量が約 12 ％以上の合金（ステンレス）鋼を，熱硝酸中に一定時間浸漬することにより完全な皮膜が形成されるもので，ステンレス鋼を製造するアニーリング＆ピックリング（AP）ラインの最後の重要な工程となっている。しかしながら，そのことについては一般的にはあまり知られていない陰の功労者なのである。

【参考文献】 https://www.chemical-y.co.jp/faq/q1.html

表 2.3　リグニンスルホン酸塩の化学組成[28)]

官能基	官能基割合	
	無変成型（NTL）	変成型（MTL）
スルホン酸基	0.15	0.13
カルボン酸（カルボキシル）基	0.08	0.26
水酸基（アルコール系）	0.39	0.28
水酸基（フェノール系）	0.39	0.42

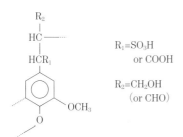

R_1=SO$_3$H or COOH

R_2=CH$_2$OH (or CHO)

図 2.14　リグニンスルホン酸塩の
基本構造[28)]

（TOC）測定，表面張力測定，吸光度測定など）によって検討していく。

2.2.1　リグニンスルホン酸塩の脱炭素性能

　ボイラー水で用いられる腐食抑制剤の多くは，アルカリ水溶液中で還元剤として作用し，腐食の主因子となる溶存酸素を除去する性能を有する。リグニンスルホン酸塩の脱酸素性能を調べたが，中性（pH 7）ならびにアルカリ性（pH 11）のいずれの pH 条件においても脱酸素効果はほとんど認められない。

2.2.2　リグニンスルホン酸塩の腐食重量減試験

　腐食重量減試験の結果を**図 2.15**[28)]（a）および図（b）に示す。中性軟水中（pH 7）でリグニンスルホン酸塩を添加した場合，腐食速度は濃度増加とともに低下して 500 〜 1 000 ppm 付近で極小値をとり，さらに濃度が増すと穏やかに上昇する傾向である。リグニンスルホン酸塩の化学組成の違いによる効果を比較した場合，変成型（MTL）のほうが低濃度で腐食を抑制し，また高濃度添加では腐食を促進する傾向もあまり見られず，無変成型（NTL）に比べてより高い腐食抑制効果を示している。MTL は，500 ppm 添加した場合に最大の

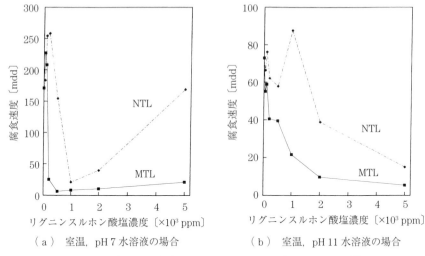

（a）　室温，pH 7 水溶液の場合　　　　（b）　室温，pH 11 水溶液の場合

図 2.15 　軟鋼の腐食速度とリグニンスルホン酸塩濃度の関係[28]

![コラム⑤ リグニンスルホン酸塩の基本構造と構造模型]

コラム⑤　リグニンスルホン酸塩の基本構造と構造模型

　リグニンスルホン酸塩の基本構造（図（a））とその構造模型（図（b））を示す。特に，基本構造のパラ位の（p-）酸素，β-炭素，ベンゼン環のメタ位の（m-）炭素などが他の基本構造（単位）と結合して高分子量化し，リグニンスルホン酸塩を形成している。無変成型（NTL）は α-炭素におもにスルホン酸基が導入されており，変成型（MTL）はこのスルホン酸基がおもにカルボン酸基に変性されている。

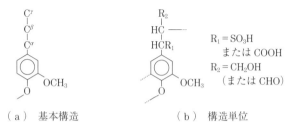

（a）　基本構造　　　　　　　（b）　構造単位

図　リグニンスルホン酸塩の基本構造と構造単位[2)のa)]

腐食抑制率（$\eta = 96\%$）を示している。

一方，アルカリ軟水（pH 11）中では，多少のばらつきが見られるものの，リグニンスルホン酸塩の濃度の増加とともに腐食速度が低下する傾向が見られる。この場合も MTL のほうが NTL よりも全体的に低い腐食速度を示し，優れた腐食抑制効果を示している。MTL は，5 000 ppm 添加のときに最大腐食抑制率（$\eta = 93\%$）を示している。

このように両 pH 条件において，MTL が NTL よりも高い腐食抑制効果を示したが，その理由として表 2.3 に示したように MTL が NTL に比べて吸着サイトとして働くカルボン酸基（COOH基）を多く有するためであると考えられる。

2 2 3 腐食抑制機構の解析

本項では，前項で高い腐食抑制効果を示した MTL を用いて各種電気化学測定（分極曲線測定，自然電位測定，交流インピーダンス測定など）を行い，リグニンスルホン酸塩の腐食抑制機構の解析をする。

〔1〕 **分極曲線測定および自然電位の経時測定**

pH 7 における**分極曲線測定**および**自然電位の経時測定**の結果を**図 2.16**[28]（ a ）および図（ b ）に示す。ブランクに対してリグニンスルホン酸塩（1 000 ppm）を添加した系ではアノード電流密度が大きく減少し，また，自然電位はブランクよりも貴な電位に示している。このことから，リグニンスルホン酸塩は中性条件において**アノード抑制型**の腐食抑制剤であると考えられる。

pH 11 における分極曲線測定および自然電位の経時測定の結果を**図 2.17**[28]（ a ）および図（ b ）に示す。図（ a ）の分極曲線より，ブランクおよびリグニンスルホン酸塩添加系のいずれも不動態域を有する分極特性を示し，中性条件を同様にリグニンスルホン酸塩添加系ではアノード反応が抑制される傾向が見られる。

また，図（ b ）に示すリグニンスルホン酸塩添加系の自然電位は，ブランクよりも貴な電位を示している。この電位は分極曲線における腐食電位付近となり，不動態域付近の電位を示していない。前述の脱酸素試験の結果より，リグ

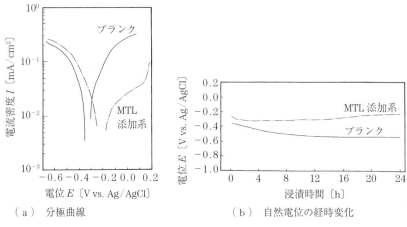

（a） 分極曲線　　　　　　　　　（b） 自然電位の経時変化

図 2.16 室温，1 000 ppm MTL 含有，pH 7 水溶液での軟鋼の分極曲線と
自然電位の経時変化[28]

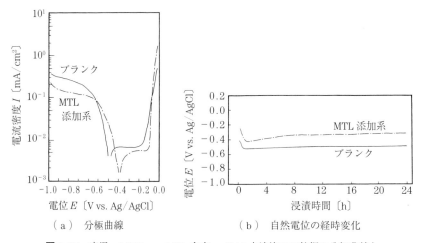

（a） 分極曲線　　　　　　　　　（b） 自然電位の経時変化

図 2.17 室温，1 000 ppm MTL 含有，pH 11 水溶液での軟鋼の分極曲線と
自然電位の経時変化[28]

ニンスルホン酸塩はアルカリ条件においても還元作用をほとんど示さないこと
から，リグニンスルホン酸塩は不動態型腐食抑制剤ではなく，中性条件の場合
と同様に**アノード抑制型**の腐食抑制剤として腐食を抑制している。

図 2.18[28]に pH 7 における**交流インピーダンス測定**の結果を示している。こ

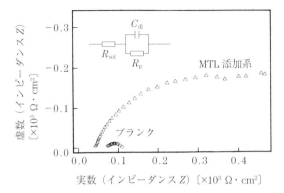

図2.18 室温，1 000 ppm MTL 含有およびブランク，pH 7 水溶液での軟鋼の
ナイキストプロット（＝Cole-Cole プロット）および等価回路 [28]

の軌跡ではブランクおよびリグニンスルホン酸塩添加系のいずれも一つの歪ん
だ円弧を描いている。この軌跡に基づいて鋼材／溶液界面での等価回路を図
2.18 のように想定している。これから算出した計算値は測定値とほぼ一致
し，測定値からブランクおよびリグニンスルホン酸塩添加系の軟鋼板の電荷移
動抵抗（＝腐食抵抗）（R_{ct}）を求めている。

図2.19 [28]（ a ）および図（ b ）に pH 7 および pH 10 条件下での腐食抵抗値
の経時変化を示している。リグニンスルホン酸塩添加系の腐食抵抗値は，いず
れもブランクよりかなり大きな値を示しており，前述の腐食重量減試験の結果

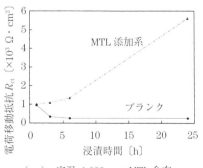

（ a ） 室温，1 000 ppm MTL 含有，
　　　 pH 7 水溶液

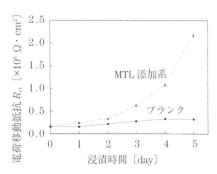

（ b ） 室温，1 000 ppm MTL 含有，
　　　 pH 11 水溶液

図2.19 軟鋼の電荷移動抵抗 R_{ct} の経時変化 [28]

と対応している。

〔2〕 リグニンスルホン酸塩の軟鋼に対する吸着作用

つぎに，リグニンスルホン酸塩の軟鋼に対する吸着作用を検討しよう。リグニンスルホン酸塩は，鋼表面に物理的あるいは化学的に吸着し，腐食を抑制していると考えられる。リグニンスルホン酸塩が鉄と比較的強い相互作用（吸着作用）を有しているかどうかは，TOC 測定試験による評価で確認できると考えられる。しかし，この試験からは吸着を裏付けるデータは得られていない。このことから，リグニンスルホン酸塩の鋼板に対する吸着力は非常に弱いものであると考えられる。

〔3〕 リグニンスルホン酸塩のミセル形成能

そこでつぎに，リグニンスルホン酸塩の**界面活性作用**，すなわち**ミセル形成能**について評価してみよう。リグニンスルホン酸塩の作用機構として，単純に鋼板表面に吸着し，皮膜（吸着層）による保護を与えるだけではなく，金属／溶液の界面特性に影響を与えているということが考えられる。すなわち，界面活性剤のような界面活性作用を与えることにより腐食を抑制する機構である。

この可能性を確認するため，**図 2.20**[28)]にリグニンスルホン酸塩添加溶液の表面張力を測定した結果を示す。

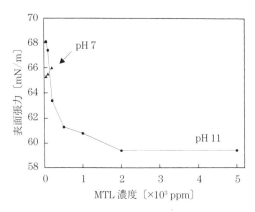

図 2.20 室温，pH 7 および pH 11 水溶液における
MTL 濃度と表面張力の関係[28)]

　pH 7 ではリグニンスルホン酸塩を添加しても表面張力の変化は認められないが，pH 11 ではリグニンスルホン酸塩の濃度増加とともに表面張力が大きく減少している。このことから，リグニンスルホン酸塩はアルカリ性条件下で界面活性特性，すなわち，ミセル形成能を示すことが明らかとなっている[29]。

　図 2.20 から正確なミセル形成濃度，すなわち，臨界ミセル濃度，を読み取ることはできないが，1 000 ～ 2 000 ppm 付近に位置すると推定される。前述のアルカリ性条件下での腐食重量減試験の結果において，NTL の添加濃度を増やしていった場合，1 000 ppm 付近で一時的な腐食速度の上昇が観測されるが，これはミセル形成により鋼板表面に吸着する有効分子，すなわち，吸着サイトとして働くカルボキシル基の数が大きく減少したことにより腐食抑制能の低下が生じたものと考えられる。なお，MTL は NTL に比べて構造中に多くのカルボキシル基を有することから，ミセル形成に伴う腐食抑制能の低下が生じなかったものと考えられる。

　中性条件において，リグニンスルホン酸塩がミセル形成能を持たないことを確かめるために，リグニンスルホン酸塩（MTL）添加溶液の吸光度を測定した結果を**図 2.21**[28]に示す。

　図 2.21 に示すように，リグニンスルホン酸塩（MTL）濃度と吸光度の関係は直線となり，リグニンスルホン酸塩が均一に溶解している確認される。つま

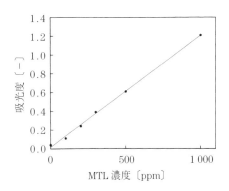

図 2.21　pH 7 試験水における 300 nm 吸光度と
MTL 濃度の関係[28]

り，中性条件とアルカリ条件ではリグニンスルホン酸塩の形状が異なることが確認される。このことから，リグニンスルホン酸塩は中性条件下では単分子の形状，アルカリ条件下ではミセル形状を成して腐食を抑制するものと考えられる。中性およびアルカリ性のどちらの場合も鋼板表面を穏やかに被覆して腐食を抑制すると考えられる。

〔4〕 リグニンスルホン酸塩と鉄との相互作用

リグニンスルホン酸塩と鉄との相互作用を評価するために，リグニンスルホン酸塩（MTL）を添加した溶液に鉄イオン（Fe^{3+}）を添加して**紫外・可視（UV-vis）吸収スペクトル**を測定した結果を**図2.22**[28]に示す。

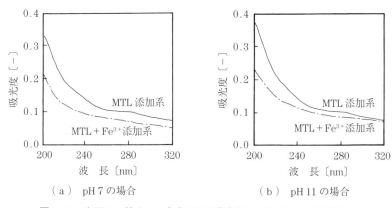

（a） pH 7 の場合　　　　　　　　（b） pH 11 の場合

図2.22 室温での鉄イオン含有および非含有，1 % MTL 含有水溶液の
紫外・可視（UV-vis）吸収スペクトル[28]

中性条件およびアルカリ条件のいずれの場合も，リグニンスルホン酸塩のみを添加した場合と比較して，リグニンスルホン酸塩と鉄イオン（Fe^{3+}）をともに添加した場合のほうにおいて吸光度が小さくなる傾向が認められる。このことはリグニンスルホン酸塩が Fe^{3+} と相互作用し沈殿を生成し，それによる溶液中のリグニンスルホン酸塩濃度がもとの値より小さくなっていることを示唆している。このことから，リグニンスルホン酸塩が Fe^{3+} と相互作用する能力を持つことが確認される。

　2.2.2項の腐食重量減試験（pH 7）において，リグニンスルホン酸塩を高濃度添加した場合に腐食速度の増加が見られたのは，鋼表面から溶出し，酸化された Fe^{3+} とリグニンスルホン酸塩との相互作用が増すためであると考えられる（**図 2.23**[28]）。

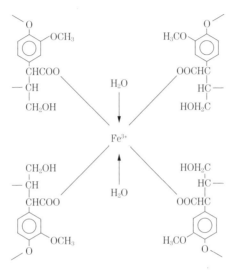

図 2.23　リグニンスルホン酸塩と鉄イオン（Fe^{3+}）との相互作用のモデル図[28]

　なお，アルカリ条件下においてもリグニンスルホン酸塩は Fe^{3+} と相互作用を示すことから，さらに高濃度添加していった場合，腐食速度は最小値を経てその後増加に転じると予想される。アルカリ条件下では，リグニンスルホン酸塩は，ミセルを形成し Fe^{3+} と相互作用を示す有効分子の数が中性条件下のそれと比べて減ることから，最大の腐食抑制率を示す濃度が高濃度側にずれ込んだものと考えられる。

　以上のように，中性およびアルカリ溶液中では，鉄との相互作用を示す分子の作用で腐食が有効に抑制されるといえる。

2.2.4 軟鋼の腐食に対するリグニンスルホン酸塩の腐食抑制効果

これらのことから，ボイラー水（軟水）の軟鋼の腐食に対するリグニンスル
ホン酸塩の腐食抑制効果について，以下のことを結論としていうことができる。

（1） リグニンスルホン酸塩は中性溶液中では，500 ～ 1 000 ppm 付近で，
アルカリ溶液中では 5 000 ppm で最大の腐食抑制を示している。

（2） 吸着サイトとして作用するカルボキシル基（COOH 基）をより多く持
つ変成型リグニンスルホン酸塩（MTL）は，無変成型リグニンスルホン酸塩
（NTL）と比べて軟鋼の腐食を有効に抑制する。

（3） リグニンスルホン酸塩（MTL）は，中性およびアルカリ性溶液中にお
いてアノード抑制の吸着型腐食抑制剤として軟鋼の腐食を抑制する。

（4） リグニンスルホン酸塩は（MTL）は，中性溶液中とアルカリ性溶液中
では異なる形状を有し，中性溶液中では単分子の形状，アルカリ溶液中ではミ
セルの形状を成して鋼表面を穏やかに被覆し，腐食を抑制する。なお，アルカ
リ性溶液中では，ミセル形成に関与しない分子（鉄との相互作用を示す分子）
の作用で腐食に影響を与えると考えられる。

2.3 そのほかの腐食抑制剤

そのほかの腐食抑制剤としては，表 1.1 および環境に根差したものとして，
一種の界面活性剤のように金属表面に吸着して腐食を抑制するトルイジン，2
－ナフチルアミン，ナフトキノリン，チオ尿素，トリエタノールアミン，オレ
イン酸ナトリウム，安息香酸ナトリウムなどある。これらについての詳細は，
巻末に掲載した文献 30)～36)を参照されたい[†]。

[†] 文献 30)は「腐食抑制剤の研究法の変化とそれに関する分子分光学」についての説明，
   文献 31)～34)は日本の腐食抑制剤研究の第一人者である荒牧國次先生がまとめられた
   『腐食抑制剤に関する解説』，文献 35)は日本の二大水処理メーカーの一つである栗田工
   業株式会社の学会誌での解説（日本の二大水処理メーカーは，栗田工業株式会社とオル
   ガノ株式会社）および文献 35)は鉄や鋼についてではなく，日本の銅分野での腐食抑制
   剤研究の第一人者である能登谷武紀先生がまとめられた『銅および銅合金の腐食抑制剤
   の解説』である。

コラム⑥　腐食抑制剤の錯体化学的な見方（その1）：HSAB則

　ピアソン（R. G. Pearson）は1960年代に，硬い酸・硬い塩基および軟らかい酸・軟らかい塩基（hard and soft acids and bases, HSAB）という概念を導入し，さまざまなルイス酸・ルイス塩基について本概念に基づく分類を行っている。「硬い」と「軟らかい」という言い方の代わりに，英語の「hard」と「soft」を使って「ハードな酸」や「ソフトな塩基」というような言い方もする。ここでいう「硬い」および「軟らかい」という言葉は，物質形状の物理的な硬軟の意味ではない。硬い酸（あるいは硬い塩基）とは，一般に①高い電荷を持つ場合が多い，②原子半径が小さい場合が多い，③分極しにくいなどのことである。逆に，軟らかい酸（あるいは軟らかい塩基）とは，①電荷が低く，②原子半径が大きく，③分極しやすいなどのことである。

　この概念から導かれる最も重要な点は，「硬い酸は硬い塩基と高い親和性を持ち，軟らかい酸は軟らかい塩基と高い親和性を持つこと」である。例えば，小さくて分極しにくいプロトン（H^+）やリチウムイオン（Li^+）などは，代表的な硬い酸である。同様に，フッ化物イオン（F^-）や水酸化物イオン（OH^-）は，硬い塩基に分類される。逆に，大きくかつ分極しやすいヨウ素陽イオン（I^+）やヨウ化物イオン（I^-）は，それぞれ軟らかい酸・軟らかい塩基である。また，同じ元素でも電荷によって硬さ・軟らかさが異なる。

　このような考え方を腐食抑制剤に用いたのが，荒牧らである。詳細は，文献31）～34）を参照されたい。

【参考文献】
　真鍋　敬：化学と教育，**56**，8，p.400（2008）

3. 天然物ポリフェノール系高分子腐食抑制剤（タンニン酸，（比較として，活性中心の低分子系）没食子酸など）

　従来において，中圧・低圧のボイラー系の腐食抑制剤としてヒドラジン（N_2H_4）や亜硫酸ナトリウム（Na_2SO_3）を主剤とした水処理剤が用いられているが，ヒドラジンはその毒性のため安全性の点で，亜硫酸ナトリウムは酸量との反応物（硫酸イオン）による電気伝導性上昇がフロー量および熱損失の増大を生じて運転コストを増加させるため経済性の点で問題がある[36]。そこで，安全性と経済性に優れた天然物系の腐食抑制剤が検討されている。天然物ポリフェノール系の高分子であるタンニンは，糖鎖とポリフェノール環を有して加水分解されて没食子酸[†]を生じるもの（加水分解型，**図3.1**[44]）と複数のポリフェノール環が直接結合されて加水分解しないもの（縮合型）に分類され[37]，古くからボイラースケールや腐食を防ぐ効果があると経験的にも知られている[36)のa)]。

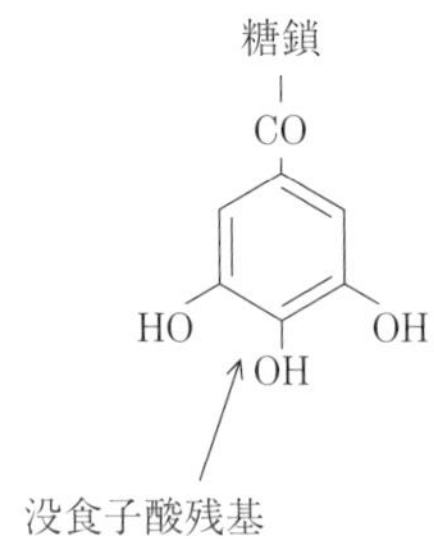

糖鎖
|
CO
|

HO　　　　　OH

OH

没食子酸残基

図3.1　タンニン酸（五倍子より抽出したもの）[44]

[†]　一般に，没食子酸はタンニン酸の分解生成物であり，タンニン酸の活性部位であるとも考えられている。

1970 年代 〜 1980 年代にかけて，タンニンは錆び転換剤[38]，亜鉛や鉄鋼などの表面処理剤としての研究[39]，タンニン溶液中における鉄の腐食挙動の研究[40]，タンニンおよびその単量体の没食子酸の腐食抑制剤の研究[36のa),41]も報告されている。しかしながら，その効果については，不明な点が多い。また，タンニンの腐食抑制機構を明確にできない点として，タンニンが複雑な化合物であることも，その一因である。1980 年代に入り，その構造解析も行われている[42]。

本章では，構造を明確にするために，産地を限定した**加水分解型タンニン**（**タンニン酸**）を用い，ボイラー系における軟鋼の腐食に対するタンニン酸の腐食抑制効果について検討する。

さらに，このタンニン酸，すなわち，ポリフェノール系化合物の腐食抑制機構を明確にするため，タンニン酸の（活性中心の）低分子化合物である**没食子酸**およびその関連化合物（**図 3.2**[43]）を用いて検討する。

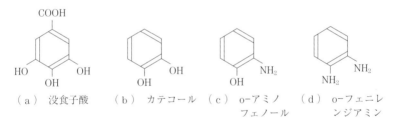

（ a ） 没食子酸　　（ b ） カテコール　（ c ） o−アミノ　（ d ） o−フェニレ
　　　　　　　　　　　　　　　　　　　　　　　フェノール　　　　ンジアミン

図 3.2　タンニン酸の（活性中心の）低分子化合物である没食子酸およびその関連化合物[43]

また，水誘導装置系の中性条件下での**没食子酸**による軟鋼の腐食抑制についても検討し，没食子酸が脱酸素剤型の腐食抑制剤ではなく吸着型の腐食抑制剤であることを確認していく。

ただし，水誘導装置系のアルカリ条件（pH 11）下での没食子酸の腐食抑制機構は不明である。そこで，ここでは，アルカリ条件（pH 11）下での軟鋼の腐食に対する没食子酸，タンニン酸，没食子酸といったポリフェノール類の腐食抑制機構の解明および有効なポリフェノール類系腐食抑制剤の選定のため，アルカリ条件（pH 11）下での軟鋼に対する没食子酸の腐食抑制挙動を評価する。

3.1　タンニン酸などの脱酸素試験

　ボイラー系での腐食抑制剤として高温・高圧条件で軟鋼の腐食に対するタンニン酸の腐食抑制効果については，**図3.3**[44]に示すような**オートクレーブ**，さらには，**図3.4**[44]に示すような**実験ボイラー**を用いて検討していく。

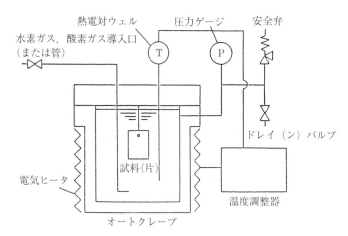

図3.3　オートクレーブ模式図[44]

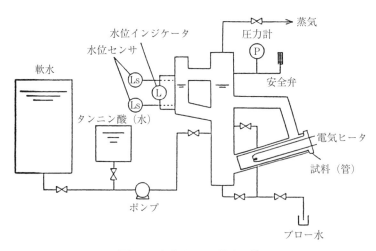

図3.4　実験ボイラー模式図[44]

　まず初めに，タンニン酸，没食子酸，亜硫酸ナトリウム（Na_2SO_3）および
ヒドラジン（N_2H_4）の各種試料を含む試験溶液において**脱酸素試験**を行い，
溶存酸素濃度の経時変化を求め，**脱酸素速度測定**をした（**図3.5**[43]）。

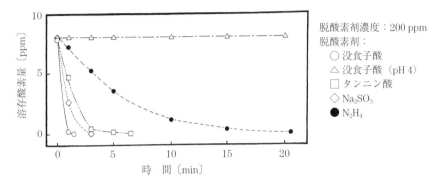

図3.5　25℃，pH 11 水溶液中における各種脱酸素剤（腐食抑制剤）の脱酸素速度[43]

　没食子酸を含む酸性（pH 4）溶液およびタンニン酸を含む pH 未調整（約
pH 6）溶液の溶存酸素濃度はほとんど変わらず，脱酸素速度は非常に小さい
値である。pH 調整（pH 11）試料溶液の溶存酸素濃度の経時変化では，タン
ニン酸および他の試料系も急速に溶存酸素濃度が減少し，初期の酸素濃度
8 ppm から 0 ppm になるのは，没食子酸で 1.5 分，亜硫酸ナトリウムで 3.0
分，タンニン酸で 6.5 分およびヒドラジンで 20.5 分を要している。このよう
に，没食子酸の脱酸素速度は，これらの他の試料に比べて非常に大きい。

　タンニン酸および没食子酸の**脱酸素量**（この場合は酸素還元量）も，**脱酸素
速度**の結果と対応している。pH 未調整試料では測定開始 40 分後のタンニン
酸の脱酸素量は初期よりほとんど変化せずにほぼ 0 ppm となっている。pH 調
整試料ではタンニン酸の脱酸素量は放物線的に上昇して測定開始 40 分後でほ
ぼ定常となっている（58 ppm）。没食子酸も類似の結果である。また，没食子
酸の脱酸素剤としての寿命は約 24 時間である。

3.2　タンニン酸溶液の紫外・可視吸収スペクトルとpH

　各種pH（pH 3 〜 11）のタンニン酸溶液の**紫外・可視（UV-vis）吸収スペクトル**は，pH 7までは270 nm付近に吸収極大λ_{max}を示し，pH増加とともにそのピークは消失して，新たに320 nm付近にλ_{max}を示す。

　これらのλ_{max}は，それぞれ水酸基（−OH）の未解離状態（270 nm）およびプロトン（H^+）解離したオキシアニオン（−O^-）の状態（320 nm）に対応している[45)†]。また，没食子酸においても類似の結果が示されている。すなわち，pH未調整（pH 4およびpH 6）およびpH調整（pH 11）の試料は，それぞれ酸性（pH 4），微酸性（pH 6）およびアルカリ性（pH 11）であるため，pH未調整試料では−OH解離が生じないために脱酸素反応が起こらず，pH調整試料では−OH解離するために酸素の還元が促進されるので，脱酸素反応が有効に生じるのである。

　一般に，ポリフェノール類の**脱酸素反応は酸素還元力**に起因する反応で−OH解離が反応を促進させる。タンニン酸および没食子酸の−OH解離はア

コラム⑦　腐食抑制剤の錯体化学的な見方（その2）：配位子の強さ

　一般に，配位子の配位性の度合いは，その配位子の官能基の種類による。配位性の度合いは，その配位子分子の原子により，一般に「O<N<S」の順に強くなる。したがって，官能基−OH，−NH_2および−SHを考えた場合は，「−OH<−NH_2<−SH」の順に，配位性（配位子の強さ）が変化している。あまりにも簡単なことであるが，忘れがちなことなので，注意されたい。

---

† 置換ベンゼン誘導体の吸収極大λ_{max}の計算[45)]より，−OH基の解離していない状態のλ_{max}は269 nmおよび−OH基のプロトン（H^+）解離したオキシアニオン（−O^-）基の状態のλ_{max}は約348 nm（共平面性に対する立体障害より，さらに小さい値と考えられる）となり，実験値と対応している。

ルカリ性で生じる[46]。具体的には，pH上昇とともに，ポリフェノール類のフェ
ノール性水酸基が解離して酸素への1電子移動に基づくフェノキシラジカルが
生成しやすくなり，すなわち，酸素還元力に起因する反応が生じやすくなり，
酸素吸収が増大するためである[46),47]。これらより，没食子酸（およびタンニ
ン酸）は有効な脱酸素剤であり，脱酸素剤的な腐食抑制の特性を有する。

3.3　タンニン酸使用時の腐食重量減試験

　タンニン酸使用時の**腐食重量減試験**の結果は，**図3.6**（a）[44]に示すように
室温，大気条件では，pH7の場合，軟鋼の腐食速度はタンニン酸濃度増加と
ともに低下し，濃度270ppm以上で一定となる。このときの腐食抑制率 η は
約84％である。pH11の場合も腐食速度はタンニン酸濃度増加とともに低下
しているが，濃度270ppmで最小値を示し，その後増加している。このとき
の η 値の最小値は89％である。また，pH11の場合の腐食速度は，タンニン
酸濃度675mgを除く濃度において，pH7の場合の腐食速度に比べて小さく
なっている。これはpH上昇による水酸化物の溶解度の減少によるものである。

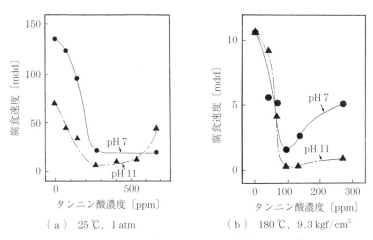

（a）　25℃，1 atm　　　　　　（b）　180℃，9.3 kgf/cm²

図3.6　軟鋼の腐食速度とタンニン酸濃度の関係[44]

さらに，没食子酸についてアルカリ性条件（pH 11）で検討するために，没食子酸の濃度を 100 ～ 1 000 ppm まで変化させたところ，腐食抑制率 η（カッコ内は没食子酸濃度）は 73 %（100 ppm），87 %（200 ppm），92 %（500 ppm）および 94 %（1 000 ppm）（なお，無添加では腐食速度は 70 mdd である）となり [43]，没食子酸濃度増加とともに，η 値は効果的に上昇した。こちらの腐食重量減試験も，上記のタンニン酸のデータ [44], [48] と比較するために，浸漬時間を 7 日間としているが，浸漬時間 ～ 重量減の関係から 1 日以降の軟鋼の重量減はほとんどない程度であった。没食子酸はこのように優れた腐食抑制剤なので，以降の実験では没食子酸濃度は 200 ppm で行っている。

　高温，高圧条件（オートクレーブ（高温，高圧の実験装置）あるいは実験ボイラーを使用して検討している）の腐食重量減試験（図 3.6（b））では pH 7 および pH 11 の場合，ともに，軟鋼の腐食速度はどちらもタンニン酸濃度増加とともに低下し，濃度 100 ppm で最小となり，その後増加する。最大の η 値は pH 7 で約 85 %，pH 11 で約 97 %である。また，室温かつ大気条件に比べて高温かつ高圧条件で軟鋼の腐食速度が小さいのは，室温かつ大気条件では大気開放系でカソード反応因子である酸素が供給され続けているが，高温かつ高圧条件では密閉系で酸素の連続的供給がないため，さらには沸騰による溶存酸素減少のためである。いずれにしても，室温かつ大気および高温かつ高圧の条件では，腐食速度のタンニン酸濃度依存性にはほぼ対応が見られる。

3.4　タンニン酸の電気化学的測定，物理化学測定，表面分析

つぎに，このような防食機構の解明のため，各種の電気化学的測定，物理化学測定，表面分析などを紹介する。

3.4.1　電気化学測定

室温かつ大気条件で**分極曲線**（**図 3.7**[44]）および**自然電位の経時変化**（**図 3.8**[44]）を測定している。pH 7 の分極曲線ではブランクに比べてタンニン酸添

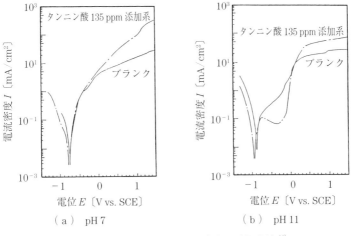

（a）　pH 7　　　　　　　　　　（b）　pH 11

図 3.7　25℃，1 atm における軟鋼の分極曲線[44]

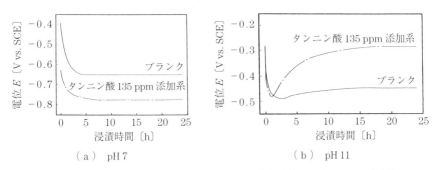

（a）　pH 7　　　　　　　　　　（b）　pH 11

図 3.8　25℃，1 atm における 135 ppm タンニン酸水溶液およびブランク水溶液の
　　軟鋼の自然電位と浸漬時間の関係[44]

加系で軟鋼電極のカソード曲線の下方への移行が見られる。軟鋼の自然電位は
ブランクおよびタンニン酸添加系でともに 24 時間後に一定となり，ブランク
に比べてタンニン酸添加系で卑に移行している。これは分極曲線の結果を合わ
せて考えると，タンニン酸添加により軟鋼のアノード反応は減少せずにカソー
ド反応のみが減少したために，見かけ上軟鋼の自然電位が卑に移行しているか
らである。

　これらより，pH 7 の場合，タンニン酸は**カソード抑制型腐食抑制剤**として

作用し，タンニン酸の$-OH$と水中のH^+より形成されるオニウムイオン（$-OH_2^+$）基の吸着に基づく皮膜形成による腐食抑制のためである。pH 11 の場合，タンニン酸添加系では軟鋼電極の分極曲線に不動態域が現れている。24時間後の定常状態で，タンニン酸添加系の軟鋼の自然電位はブランクのそれに比べて貴となり，分極曲線に不動態域に相当する電位を示している。これより，pH 11 でタンニン酸は**不動態型腐食抑制剤**として作用するのである。また，没食子酸についても室温かつ大気かつアルカリ性（pH 11）条件で，分極曲線を測定している。没食子酸（200 ppm）無添加および添加のどちらでも不動態域を有する分極曲線を示している。特に，没食子酸添加系では，没食子酸無添加系（ブランク）に比べて，不動態保持電流密度が著しく小さい。また，窒素飽和（脱酸素条件）下の没食子酸添加溶液中での軟鋼のアノード分極曲線は大気下のブランクに比べて高い電流密度となっている。同様な条件での没食子酸添加溶液における自然電位はブランクのそれに比べて貴に移行している。また，窒素飽和下における没食子酸添加溶液中での軟鋼の自然電位は大気開放下におけるブランクに比べて卑な電位となっている。これらより，アルカリ性かつ大気開放下において，没食子酸は有効な**不動態型腐食抑制剤**として作用している。

　高温かつ高圧下の条件での**電気化学的測定**の結果を**図 3.9**[44]および**図 3.10**[44]に示す。pH 7 の場合，タンニン酸添加系での軟鋼のカソード反応は，ブランクのそれよりも減少しており，室温かつ大気条件の結果と対応している。この条件での軟鋼の**自然電位の経時測定**より，pH 7，タンニン酸添加系の場合，軟鋼の自然電位は室温かつ大気条件の場合と同様に 24 時間後一定となり，ブランクでのそれに比べて卑に移行している。

　これより，pH 7，高温かつ高圧条件でのタンニン酸も，室温かつ大気条件と同様に，**カソード抑制型腐食抑制剤**の特性を示している。高温かつ高圧条件，pH 11 での軟鋼電極の**分極曲線**では，タンニン酸の添加により軟鋼のアノード反応はブランクのそれに比べて低下し，さらに，カソード反応もブランクに比べて低下していることがわかる。24 時間後の定常となったタンニン酸添加系

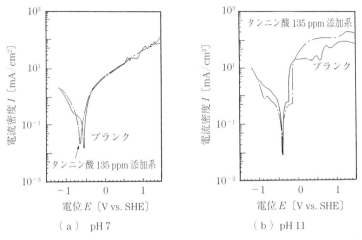

図 3.9　180 ℃，9.3 kgf/cm² （オートクレーブ中）における軟鋼の分極曲線[44]

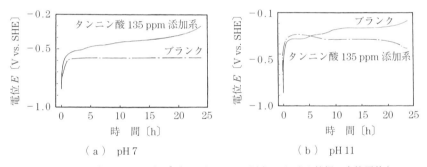

図 3.10　180 ℃，9.3 kgf/cm² （オートクレーブ中）における軟鋼の自然電位と
浸漬時間の関係[44]

の軟鋼の自然電位は，ブランクでのそれに比べて卑に移行している。これは腐
食重量減試験の結果と同様に酸素の連続的な供給が無い密閉系であるため，さ
らに，沸騰による溶存酸素減少のために非酸化的な環境となって室温かつ大気
条件，pH 11 の場合と比べて，タンニン酸は**不動態型腐食抑制**作用が低下して
いると考えられる。また，実際のボイラーでは逐次的に酸素供給があり，この
オートクレーブの環境ほどは非酸化的な環境にはなっていないと考えられる。
これらより，高温かつ高圧条件かつ pH 11 の場合，タンニン酸は**不動態型腐
食抑制剤**の作用を示す傾向があると考えられる。

これらより，pH 7 および pH 11 の条件で，タンニン酸および没食子酸は有効な有効に軟鋼の腐食を抑制することは明らかになったが，これまでの測定結果からではタンニン酸および没食子酸の腐食抑制機構について不明瞭な点がある。一般に，腐食抑制剤は

　　　Ⅰ型：腐食環境自体に働いて，その腐食性を軽減するもの

　　　Ⅱ型：金属表面に作用して，その表面を不活性にするもの

に大別される[49]。ここで，タンニン酸および没食子酸の場合，脱酸素試験よりは脱酸素剤として作用してⅠ型の特性を示し，電気化学的測定より不動態特性を有してⅡ型の特性を示している。この点を解明するため，没食子酸（すなわち，タンニン酸）の**不動態皮膜形成機構**に着目して，本条件での没食子酸（すなわち，タンニン酸）の腐食抑制機構の可能性について 3.4.5 項で検討する。

3.4.2　表　面　分　析

つぎに，各種の表面分析を紹介する。pH 7 および pH 11 での詳細なタンニン酸および没食子酸の腐食抑制の挙動を明らかにするため，表面分析として pH 7 では試験溶液中での *in situ* な**走査型トンネル顕微鏡（STM）**測定および pH 11 では高温かつ高圧条件で試験溶液に浸漬後の軟鋼の X 線光電子分光（XPS）測定を行っている。

図 3.11[44] に STM 測定の結果を示している。純水に浸漬，電解研磨直後の軟鋼表面の STM 写真は非常に平滑であるが，pH 7 の試験溶液に置換して 2 分後

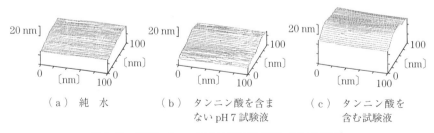

| （a）　純　水 | （b）　タンニン酸を含まない pH 7 試験液 | （c）　タンニン酸を含む試験液 |

図 3.11　25 ℃，1 atm における軟鋼表面の STM 写真[44]

の STM 写真では凹凸が生じて腐食が進行している。タンニン酸添加試験溶液に置換すると STM 写真は滑らかな表面を呈している。定性的ではあるが試験液での STM 写真の Z 切片は純水でのそれに比べて減少し, タンニン酸添加試験溶液での STM 写真の Z 切片は試験溶液でのそれに比べて増加の傾向を示している。また, 純水および試験溶液での STM 写真はバイアス電圧を変化させても変化が見られなかったが, タンニン酸添加系ではバイアス電圧により STM 写真の変化が生じ, 文献50) のように表面が半導体的な特性を帯び, 軟鋼表面に固体電解質的な層が形成している。

以上より, 軟鋼板表面にタンニン酸分子が吸着して皮膜を形成し, 腐食が抑制している。このことは電気化学的測定の結果とも対応している。

溶存酸素濃度を変化させて高温かつ高圧条件で pH 11 試験溶液に浸漬した後の軟鋼板表面を **XPS 測定**している（**図 3.12**[44]）。XPS 測定結果, 鉄化合物の XPS 文献値[51]† および高温, 高圧, 水中での腐食生成物の文献値[52]より, 窒素飽和のブランクでは表面より深さ方向に Fe_2O_3, 吸着水などの複合層そして Fe_2O_3, (FeO)層となり, 不動態皮膜の形成は見られない。タンニン酸添加系では最表面での $Fe_{2p3/2}$ で 711 eV 付近にブロードなピークが, O_{1s} で 532 eV 付近に肩を持つ 530 eV 付近のピークが生じている。エッチング 0.5 分（深さ 25 Å）以上の $Fe_{2p3/2}$ で 532 eV 付近のピークは見られていない。薄層（深さ 25 Å 程度まで）ではあるが軟鋼（SS 400）表面に Fe_3O_4 に基づく不動態皮膜が形成され, 腐食が抑制されている。

空気飽和のブランクでは表面より深さ方向に Fe_3O_4, (FeO), $Fe(OH)_2$, 吸着水などの複合物層そして Fe_2O_3, (FeO)層となっており, 不動態皮膜の形成は見られない。一般に, $Fe(OH)_2$ および FeO の Fe^{2+} 状態の鉄化合物は高温水中では不安定で, より高次の酸化物に容易に変化するため[52], ブランク中では軟鋼表面の保護性を有せずに腐食が進行する。タンニン酸添加系では $Fe_{2p3/2}$

---

† $Fe_{2p3/2}$ 〔eV〕：702.82 (Fe), 709.0 (Fe^{2+}), 710.95 (Fe_3O_4), 710.97 (Fe_2O_3), 711.44 (α-FeOOH), 711.60 (γ-FeOOH). O_{1s} 〔eV〕：OM：529.98 (Fe_2O_3), 530.17 (Fe_3O_4), 530.2 (γ-FeOOH), 530.3 (α-FeOOH), OH：531.4 (α および γ-FeOOH).

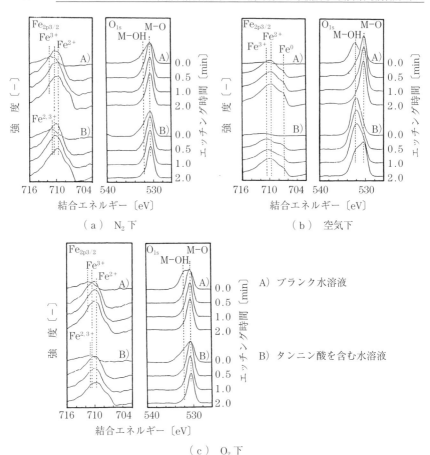

図3.12　180℃，9.3 kgf/cm²（オートクレーブ中），pH 11 のブランク水溶液および
タンニン酸を含む水溶液に浸漬した後の軟鋼表面の XPS スペクトル [44]

で 711 eV 付近に微弱なピークが，O_{1s} で約 530 eV に肩を有する 532 eV 付近の
ピークが生じている。エッチング 0.5 分以上では $Fe_{2p3/2}$ でこのピークは見ら
れず，O_{1s} で最表面でのピークが 532 eV に肩を有する 530 eV のピークに移行
している。最表面では Fe_3O_4，$Fe(OH)_3$ のような水酸化物などの複合層が存在
する。これより，ブランクに比べてタンニン酸添加系ではわずかではあるが
Fe_3O_4 に基づく皮膜が存在することにより，耐食的な環境となっている。ま
た，この条件下では完全な不動態化までは進んでおらず，電気化学的な測定の

結果と対応している。

　酸素飽和のブランクでは表面より深さ方向に Fe_2O_3，吸着水などの複合層，そして Fe_2O_3，（FeO）などの複合物層となっている。この条件でのタンニン酸添加系では $Fe_{2p3/2}$ で 711 eV 付近に，O_{1s} で 530 eV 付近にピークが生じている。これより薄層（深さ 25Å まで）ではあるが Fe_3O_4 に基づく不動態皮膜が形成され，腐食が抑制されている。

　以上より，ブランクでは Fe_3O_4 の軟鋼板表面での形成は見られないが，タンニン酸添加系ではほぼ Fe_3O_4 の生成が確認され，この皮膜により腐食抑制されている。

　高温，高圧，アルカリ性，ボイラー系では，式（3.1）（溶存酸素存在下では式（3.2））のように腐食が生じ，式（3.3）の **Schikorr 反応**により不動態皮膜が形成されて腐食を抑制する[53][†]。また，Schikorr 反応の素反応は式（3.4）～（3.9）となり[53]，式（3.7）が律速である[3][†]と報告されている。

【Schikorr 反応】[53]

$$Fe + 2H_2O \longrightarrow Fe(OH)_2 \tag{3.1}$$

$$2Fe + O_2 + 2H_2O \longrightarrow 2Fe(OH)_2 \tag{3.2}$$

$$\underline{3Fe(OH)_2 \longrightarrow Fe_3O_4 + H_2 + 2H_2O} \tag{3.3}$$

【Schikorr 反応の素反応】[53]

$$Fe \longrightarrow Fe^{2+} + 2e^- \tag{3.4}$$

$$Fe^{2+} + 6H_2O \longrightarrow [Fe(H_2O)_6]^{2+} \tag{3.5}$$

$$[Fe(H_2O)_6]^{2+} \rightleftharpoons Fe(OH)_2 + 2H^+ + 4H_2O \tag{3.6}$$

$$\underline{Fe(OH)_2 + (1/2)H_2O \longrightarrow Fe(OH)_3 + (1/2)H_2} \tag{3.7}$$

$$\underline{nFe(OH)_3 \longrightarrow [FeO(OH)]_n + nH_2O} \tag{3.8}$$

$$\underline{2[FeO(OH)]_n + nFe(OH)_2 \longrightarrow nFe_3O_4 + aq.} \tag{3.9}$$

　XPS 測定結果より，ブランクでは Fe_3O_4 の軟鋼板表面での形成は見られないが，タンニン酸添加系ではほぼ Fe_3O_4 の生成が確認されて酸素濃度によらず

[†]　Schikorr 反応のおもな部分は下線部であるが，全体的な腐食・防食反応（腐食抑制）を考慮すると式（3.1）～（3.9）までとなる。

Schikorr 反応（式（3.1）～（3.9））が進行する。特に，酸素飽和のタンニン酸添加系では過剰酸素の影響により $Fe(OH)_2$ がほとんど $Fe(OH)_3$ に酸化されて，式（3.9）の反応が阻害されて Fe_3O_4 が生成されないと考えたが，実際にはこの条件でも Fe_3O_4 が生成される。これより，タンニン酸は**脱酸素剤**であるだけでなく，**不動態化剤**としても作用している。すなわち，タンニン酸および没食子酸は式（3.10）のように **Schikorr 反応**を促進させる効果があり，特に，この反応に還元剤的に作用する。

$$6Fe(OH)_3 + Sugar\ chain - CO - \phi - (OH)_3$$
$$\longrightarrow 2Fe_3O_4 + Sugar\ chain - CO - \phi - (=O)_2(-OH) + 10H_2O \quad (3.10)$$

（注：上記（$Sugar\ chain - CO - \phi - (OH)_3$）はタンニン酸であるが，活
性中心の単量体である没食子酸は $-HOOC - \phi - (OH)_3$）

コラム⑧　腐食抑制剤の錯体化学的な見方（その3）：配位子による影響

腐食抑制剤を配位子，腐食して得られた鉄イオン（Fe^{2+} および Fe^{3+}）を中心金属と考えると，これらは鉄錯体と考えることができる。すなわち，この鉄錯体を錯体化学的な立場から考えると，配位子による影響が非常に重要となる。この影響には，① 自由エネルギー直線関係，② キレート効果（エントロピー効果），③ 立体効果（電子構造の非局在化），④ マクロ環効果（あるいは大環状効果）などがあり，特に，② ～ ④ が非常に重要となる。② は単座配位子の錯形成よりも多座配位子の錯体（キレート環）形成のほうが大きな安定度定数を有し，より安定となる。③ は二座のキレート環の大きさと安定度定数の間にも，原子の種類によらず「3員環 ≪ 4員環 ≪ 5員環 ＞ 6員環」のような関係がある。および④ はキレート環構造を形成する錯体の配位子はそれ自体環状構造ではなく開いた構造であるが，大環状配位子が金属イオンと作る錯体はキレート環構造を形成する錯体に比べさらに安定度定数が大きくなる（より安定になる）。

【参考文献】
湯浅　真，秋津貴城：錯体化学の基礎と応用，コロナ社（2014）

3.4.3　錯 形 成 試 験

つぎに，**錯形成試験**を紹介する。タンニン酸と鉄イオンの錯形成能を UV–
vis 吸収スペクトル測定より検討している。タンニン酸試験液に Fe^{2+} イオンを
添加して可視部に吸収が見られなかったが，Fe^{3+} イオンを添加すると λ_{max}-
469 nm のスペクトルが得られ，タンニン酸と Fe^{3+} イオンが錯体を形成してい
る。これは，定性的なタンニン酸と Fe^{3+} イオンの呈色反応[42)の e)]，タンニン酸
鉄と称されるキレート化合物[38)の b), e), f)]などの結果と対応している。腐食重量減
試験の結果で，高タンニン酸濃度で腐食が促進されるのは，この錯形成が増加
するためであると考えられる。

3.4.4　実験ボイラーでの試験

さらに，より現実的な試験として，**実験ボイラー**での試験を行っている。実
際の定圧ボイラーを小型化した実験ボイラーで試験を行い，試験後の軟鋼管表
面を **XPS 測定**している（図 **3.13**[44)]）。最表面では $Fe_{2p3/2}$ で 711 eV 付近にピー
クが，O_{1s} で 530 eV に肩を持つ 533 eV でのブロードなピークが生じている。

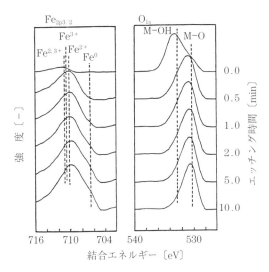

図 3.13　183 ℃，10 kgf/cm² （実験ボイラー中），pH 11 のタンニン酸を含む
水溶液に浸漬した後の軟鋼表面の XPS スペクトル[44)]

エッチングとともに $Fe_{2p3/2}$ で 711 eV 付近のピークは見られなくなり，O_{1s} で
も最表面で見られたピークは見られなくなって 530 eV 付近にブロードなピーク
を生じている。XPS 測定結果と文献値[51),52)]より，最表面では一部水および
タンニン酸の付着はあるが，Fe_3O_4 に基づく不動態皮膜が形成して腐食を抑制
している。

3.4.5 タンニン酸の腐食抑制機構の可能性とその検討

以上のことを考慮して，腐食抑制機構の可能性とその検討を行う。アルカリ
条件での没食子酸（すなわち，タンニン酸）の腐食抑制機構の可能性は，**不動
態皮膜形成機構**に着目すると，つぎの 3 種類の機構が考えられる。

（1） 没食子酸（すなわち，タンニン酸）が Fe^{2+} を酸化し，Fe^{3+}－没食子酸
錯体に基づく皮膜を形成して不動態皮膜の形成を助長する機構。

（2） 没食子酸（すなわち，タンニン酸）と O_2 の反応により過酸化水素
（H_2O_2）が生成し，これにより不動態皮膜を形成する機構。

（3） 没食子酸（すなわち，タンニン酸）が水酸化鉄（Ⅲ）（$Fe(OH)_3$）還元
して不動態皮膜を形成する反応，すなわち，Schikorr 反応（式（3.1）～
（3.9））を促進する機構[53)]。

そこで，これら（1）～（3）の機構について考えてみる。

（**1**）**の機構**：　一定量の Fe^{2+} および O_2 を含む試験溶液での没食子酸の影
響を o-フェナントロリン（phen）による Fe^{2+} の定量分析より検討している
（**図 3.14**[43)]）。

没食子酸添加溶液での Fe^{2+} の減少の度合いは無添加溶液（ブランク）での
それに比べて大きい。これより，没食子酸は Fe^{2+} と O_2 の反応，すなわち，
Fe^{2+} の酸化反応を促進すると考えられる。また，phen を含まない同じ条件で
の**紫外・可視（UV-vis）吸収スペクトル測定**の結果を**図 3.15**[43)]に示す。

O_2 存在下での試験溶液（Fe^{2+} および没食子酸の無添加，ブランク），Fe^{2+} 添
加溶液（没食子酸無添加）および没食子酸添加溶液（Fe^{2+} 無添加）では可視部
に吸収が見られないが，O_2 存在下での Fe^{2+} および没食子酸添加溶液では

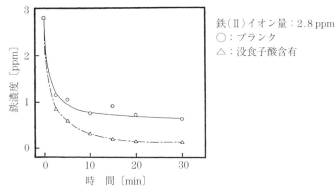

鉄(Ⅱ)イオン量：2.8 ppm
○：ブランク
△：没食子酸含有

図 3.14 25 ℃，没食子酸非含有および含有の pH 11 水溶液中における（酸化された）鉄(Ⅱ)イオン量の経時変化 [43]

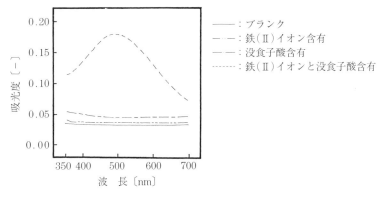

——：ブランク
―・―：鉄(Ⅱ)イオン含有
― ―：没食子酸含有
‥‥‥：鉄(Ⅱ)イオンと没食子酸含有

図 3.15 鉄(Ⅱ)イオンと没食子酸非含有，鉄(Ⅱ)イオン含有，没食子酸含有および鉄(Ⅱ)イオンと没食子酸含有，pH 11 水溶液の UV-vis 吸収スペクトル [43]

500 nm 付近に λ_{max} を有するスペクトルが観測される。ここで，Fe^{3+}-没食子酸錯体が形成されている。さらに，分極曲線での結果より，窒素飽和下で水溶液中での軟鋼の不動態保持電流密度がブランクでのそれに比べて大きいことや，大気開放下の水溶液中での軟鋼のアノード分極曲線に活性溶解ピークが生じていることより，Fe^{3+}-没食子酸錯体が形成されて，一部，防食（不動態形成）に影響を与えていると考えられる。

しかしながら，TOC 分析より，鉄への没食子酸の吸着は確認されていない。

また，FT-IR/ATR 測定により，没食子酸添加溶液に浸漬した後の鋼板上には没食子酸に基づく官能基の吸収は見られない。これらより，（1）の機構の可能性は少ないと考えられる。

（**2**）**の機構**：　アルカリ性条件で没食子酸と O_2 が反応して H_2O_2 が生成することは，H_2O_2 センサによる測定より確認されており，例えば，pH 14 で没食子酸 1.0 mol 当り 1.4 mol の H_2O_2 を生成することが報告されている [46]。酸化剤として考えた場合，H_2O_2 は O_2 よりも酸化力が強く不動態皮膜形成には有効である，そこで，没食子酸濃度 200 ppm に相当する H_2O_2 を添加した溶液での軟鋼の**交流インピーダンス（*Z*）軌跡**では一つの歪んだ容量性の円弧が観測されている（**図 3.16** [43]）。

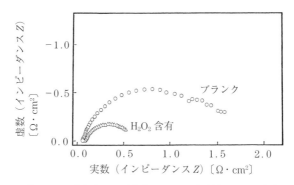

図 3.16　25 ℃，H_2O_2 非含有および含有の pH 11 水溶液における軟鋼の Nyquist（ナイキスト）プロット（＝Cole-Cole プロット）[43]

Z 軌跡である円弧の中心が *Z* の実数部の軸（X 軸）上よりも下部にあって歪んだ円弧の *Z* 軌跡を有するような *Z* 挙動は時定数の分散により生じると考えられ [54]，この等価回路は**図 3.17**（b）[43] のようになり，この応答は式（3.11）～（3.13）のようにモデル化されている（なお，歪んでない円弧，すなわち，完全な半円，の *Z* 軌跡を有する *Z* 挙動での等価回路は図（a）となる）[54]～[56]。これより

$$Z = R_{sol} + \frac{R_{ct}}{1 + Cj(\omega\tau)^{\beta}} \tag{3.11}$$

$$Z_{re} = R_{sol} + \frac{R_{ct}[1 + (\omega\tau)^{\beta}\sin\{0.5(1-\beta)\pi\}]}{1 + 2(\omega\tau)^{\beta}\sin\{0.5(1-\beta)\pi\} + (\omega\tau)^{2\beta}} \tag{3.12}$$

$$Z_{im} = \frac{R_{ct}(\omega\tau)^{\beta}\cos\{0.5(1-\beta)\pi\}}{1 + 2(\omega\tau)^{\beta}\sin\{0.5(1-\beta)\pi\} + (\omega\tau)^{2\beta}} \tag{3.13}$$

（Z_{re} および Z_{im}：実数部および虚数部の Z，R_{sol}：溶液抵抗，R_{ct}：電荷移動抵抗，j：$\sqrt{-1}$，ω：red／s 単位の周波数，τ：時定数，β：現象定数）

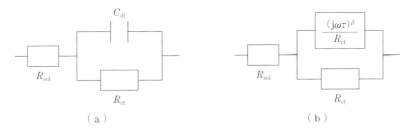

図 3.17 等価回路[43]

　求めた交流インピーダンス軌跡（計算値）は測定した軌跡（測定値）と対応している。これより，この等価回路の妥当性が示される。H_2O_2 添加溶液での軟鋼の電荷移動抵抗（R_{ct}）は無添加溶液（ブランク）のそれに比べて小さくなり，腐食抑制剤としての H_2O_2 の効果は認められない。H_2O_2 添加による腐食の促進は，H_2O_2 の分解のしやすさ，または，H_2O_2 の影響も報告されている[57]。以上より，（2）の機構ではないと考えられる。

（3）の機構：　没食子酸に関連する共役型の 1,2-位置換の（還元性）化合物（カテコール，o-アミノフェノールおよび o-フェニレンジアミン）について腐食抑制能と還元力の相関を検討するため，腐食重量減試験，自然電位測定および CV 測定を行っている（**表 3.1**[43]）。軟鋼の腐食速度は「カテコール＜ o-アミノフェノール＜ o-フェニレンジアミン」を添加した溶液の順に大きくなり，軟鋼の自然電位もこの順に卑となる。**サイクリックボルタモグラム**

（**CV**）**測定**よりカテコール，o-アミノフェノールおよび o-フェニレンジアミンの酸化応答は，おのおの，カテコールキノン，o-アミノフェノールキノン・モノイミンおよび o-アミノフェニレンジアミン-ジイミンの酸化応答と一致している。また，各酸化ピーク電流はほぼ走査速度の平方根に比例して可逆的な電極反応であると示唆される。これらの酸化ピーク電位（E_{pa}）は「カテコール ＜ o-アミノフェノール ＜ o-フェニレンジアミン」の順に貴な方向に移行しており，この順に還元力が低下する。これより，腐食抑制能と還元力の相関が見られる。

表3.1　25℃での各種低分子系腐食抑制剤を含む pH 11 水溶液中における腐食速度および自然電位とその酸化ピーク電位[43]

腐食抑制剤	腐食速度〔mdd〕	自然電位〔V vs. SCE〕	酸化ピーク電位 E_{pa}〔V vs. SCE〕
カテコール	7.6	− 0.32	+ 0.06
o-アミノフェノール	28	− 0.37	+ 0.09
o-フェニレンジアミン	37	− 0.41	+ 0.24

　上記の化合物を添加した溶液での軟鋼の交流インピーダンス測定を行ったところ（**図3.18**[43]），これらの**交流インピーダンス（Z）軌跡**では一つの歪んだ容量性の円弧が観測されている。

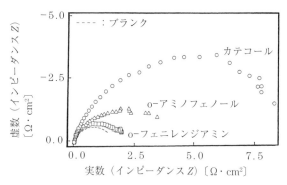

図3.18　25℃，腐食抑制剤非含有および含有の pH 11 水溶液における軟鋼のNyquist（ナイキスト）プロット（＝Cole-Cole プロット）[43]

　本実験系では，鋼材表面に不動態皮膜が生成し，電極反応はほぼ表面被覆を介して行われている。したがって，電極系近傍は溶液/皮膜/金属となり，皮膜電極系における電位分布を考慮しなければならない。すなわち，不動態皮膜は一般に半導体的特性を持つことより，溶液/皮膜界面から内部に向かって空間電荷層を生じ，あるいは，皮膜が相当の電位勾配を持つ程度に誘電性を帯びると考えられるが，これらのことは不動態皮膜上で酸素発生や酸化・還元反応が比較的容易に生じることと矛盾する。これより，この評価には電極のアノード分極曲線測定以外に容量−電位曲線測定を行って皮膜の電気化学的性質および電極界面反応の電位依存性を調べる必要がある[23]。本実験系での軟鋼のアノード分極曲線の電位範囲（$-0.5 \sim -0.2\,V$ vs. SCE）において定電位分極下での軟鋼電極の交流インピーダンス測定を行い，容量−電位曲線を求めている。不動態域の電位範囲（$-0.5 \sim -0.2\,V$ vs. SCE）において定量は電位と無関係にほぼ一定値を示している。一般に，皮膜に過電圧の大部分がかかった場合では，容量は皮膜厚さと直接関係して**Mott–Schottky の関係**（「（容量）$^{-2} \sim$ 電位」の線形的な関係）が成立する[23],[24]。これらより，この系では外部から加えられた電位の大部分は皮膜/溶液界面の二重層にかかっている。したがって，一つの歪んだ容量性の円弧の Z 軌跡は不動態皮膜の溶解と（その電位域での）物質の放電のファラデーインピーダンスである電荷移動抵抗（R_{ct}）と電気二重層容量（C_{dl}）に基づく軌跡である。

　以上より，図 3.16 と同様に等価回路を想定でき，これより求めた交流インピーダンス軌跡（計算値）は測定した軌跡（測定値）と対応している。よって，この等価回路が支持され，各素子の値が定量的に評価できる（**表3.2**[43]）。還元力の強い化合物を添加した溶液での軟鋼ほど，その R_{ct} が大きくなり，より有効な腐食抑制の環境に存在する。このことは，前述の結果と対応している。また，C_{dl} は R_{ct} が大きいほど小さくなり，腐食速度（および腐食面積）に対応している。いずれにせよ，没食子酸に関連する共役型の 1,2–位置換の（還元性）化合物について腐食抑制能と還元力の相関が見られ，これらの化合物の中でのカテコールに対応する没食子酸が最も還元力を有すると考えら

表 3.2　交流インピーダンス測定および等価回路からの各素子の定量値[43]

腐食抑制剤	交流インピーダンス測定からの各素子の定量値		
	R_{ct} 〔$k\Omega \cdot cm^2$〕	C_{dl} 〔$\mu F \cdot cm^{-2}$〕	β（現象定数） 〔$-$〕
カテコール	8.3	200	0.88
o-アミノフェノール	3.8	220	0.70
o-フェニレンジアミン	1.8	290	0.86
ブランク	1.5	310	0.82

れる。

　不動態皮膜の形成について自然電位および **XPS 測定**より検討する。没食子酸無添加溶液（ブランク）中での軟鋼の自然電位は 24 時間後でほぼ$-0.4\,V$ vs. SCE で一定となる。この溶液に没食子酸（200 ppm）を添加すると，軟鋼の自然電位は急激に貴に移行する。これより，没食子酸が，軟鋼表面に生じた

コラム⑨　マルトオリゴ糖による脱酸素反応機構[2)のb)]

　ボイラー系でのヒドラジン，亜硫酸塩などの脱酸素剤（Ⅰ型腐食抑制剤）の代替として，平均重合度の異なる数種のマルトオリゴ糖（グルコース重合体，**図 1**[2)のb)]）の脱酸素機構（酸素除去による鋼材の腐食抑制機構）について検討した報告もある。酸素 1 mol を除去するには 1 mol のグルコースユニットが必要であり，酸素除去にはグルコースユニット/酸素のモル比（2 以上）が重要である。反応は必ず H^*/OH 末端（右端）側のグルコースユニットから生じて，**図 2**[2)のb)]に示すような酸化分解機構（酸化分解後，グルコースユニットが脱離する機構）および加水分解−酸化分解機構（加水分解によるグルコースユニットの脱離後，酸化分解する機構）が存在すると考えられている。

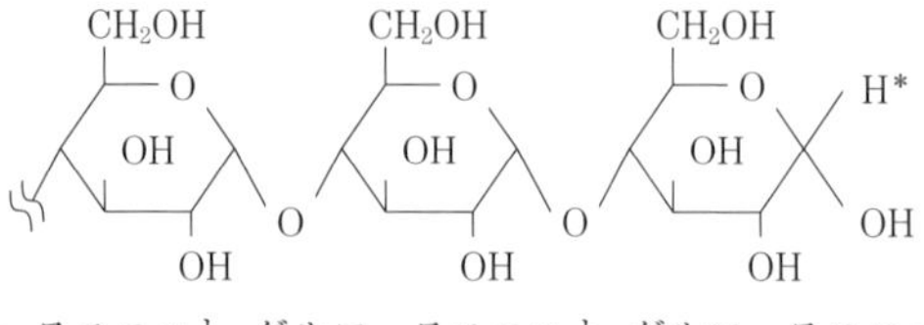

グルコースユニット　グルコースユニット　グルコースユニット

図 1　マルトオリゴ糖[2)のb)]

[酸化分解（1 ～ 8）機構]

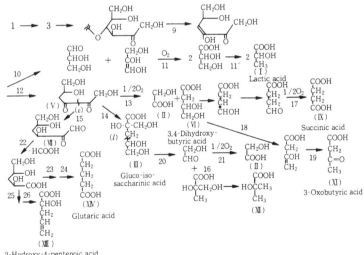

（a）　酸化分解機構（酸化分解後，グルコースユニットが脱離する機構）

[加水分解-酸化分解（1，3，9 ～ 26）機構]

（b）　加水分解-酸化分解機構（加水分解によるグルコースユニットの
　　　脱離後，酸化分解する機構）

図2　マルトオリゴ糖による脱酸素反応機構[2)のb)]

（皮膜最外層の）水酸化物を酸化物に還元するような，軟鋼表面の皮膜形成を抒情する働きがある。

没食子酸無添加（ブランク）および添加の溶液に浸漬した軟鋼の表面（表面層および深さ方向）をXPS測定している（**図3.19**[43]）。

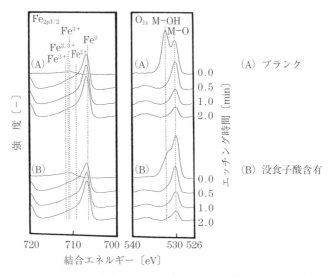

図3.19 没食子酸非含有および含有のpH11水溶液に3d浸漬後の
軟鋼表面のXPSスペクトル[43]

浸漬後の軟鋼表面はどちらもやや黒色光沢を帯びている。添加溶液に浸漬した軟鋼の$Fe_{2p3/2}$スペクトルでは表層で約711eV付近に幅広いピークが見られ，このピークはブランクに浸漬した軟鋼のそれに比べて大きなピークである。どちらの軟鋼においても，エッチング後，このピークは消失して約707eVにピークが出現している。添加溶液に浸漬した軟鋼のO_{1s}スペクトルでは，表層で二つのピーク（約532および約530eV）が生じ，530eV付近のピークは532eV付近のそれに比べて大きなものである。ブランクでも表層で同様な二つのピークが見られたが，これらのピーク強度の大小は逆転している。どちらの軟鋼でも，エッチング後，532eV付近のピークは消失して530eV付近

のピークは徐々に小さくなる。鉄化合物の XPS に関する文献値[51][†]を参考にすると，添加溶液およびブランクに浸漬した軟鋼の表面にはどちらも Fe_3O_4 に基づく酸化物，水酸化物（あるいはオキシ水酸化物）およびわずかな吸着水に基づく皮膜が形成されているが，添加溶液に浸漬した軟鋼の表層皮膜はブランクに浸漬した軟鋼のそれに比べて Fe_3O_4 に基づく酸化物に還元されてより有効な不動態皮膜が形成され，軟鋼の腐食を抑制している。

　以上より，没食子酸（すなわち，タンニン酸）の腐食抑制機構は，（3）の機構が最も妥当であり，前述した反応（式（3.10）：Schikorr 反応式（3.1）〜（3.9））を促進して不動態皮膜形成している。いずれにせよ，水誘導装置系のアルカリ性（pH 11）条件において，没食子酸（およびタンニン酸）は，脱酸素剤的で，かつ，不動態型の腐食抑制剤であり，両機能の相乗的な働きにより腐食を抑制していると考えられる。

3.5　タンニン酸の腐食抑制効果

　以上，ボイラー系での腐食抑制剤として高温・高圧条件で軟鋼の腐食に対するタンニン酸の腐食抑制効果を検討してきた。これより，つぎのことが結論として得られた。

（1）　アルカリ条件でタンニン酸および没食子酸はヒドラジン，亜硫酸ナトリウムなどの**脱酸素剤**と同等の脱酸素効果を示している。

（2）　タンニン酸は室温・大気圧および高温・高圧条件で腐食抑制効果を示し，その最大腐食抑制率は 97 ％である。

（3）　中性条件で，タンニン酸は吸着型の腐食抑制を示し，特に，カソード反応を抑制する。

（4）　アルカリ条件で，タンニン酸および没食子酸は脱酸素効果に基づく腐

---

† 　$Fe_{2p3/2}$〔eV〕：706.82（Fe），709.30（Fe^{2+}），710.95（Fe_3O_4），710.97（Fe_2O_3），711.44（α-FeOOH）および 711.60（γ-FeOOH）。O_{1s}〔eV〕：OM；529.98（Fe_2O_3），530.17（Fe_3O_4），530.2（γ-FeOOH）および 530.3（α-FeOOH），OH；531.4（α および γ-FeOOH）。

食抑制を示すばかりでなく，Schikorr 反応を促進させて Fe_3O_4 を形成させる不動態化効果も示している。

（5）　タンニン酸はヒドラジンや亜硫酸ナトリウムの問題点を解決した友好なボイラー系（すなわち，水誘導装置系）での腐食抑制剤である。

（6）　タンニン酸の腐食抑制機構を解明するため，（腐食抑制剤としての活性部位の構造であり，かつ，分解物（低分子系）である）没食子酸を用いて，腐食抑制機構の解明を行ったところ，「アルカリ性において，脱酸素剤的な腐食抑制を有するとともに，**不動態型腐食抑制**の特性をも示し，両機構の相乗的な働きにより腐食を抑制している。特に，本条件での不動態皮膜形成機構は，$Fe(OH)_3$ を還元して**不動態皮膜を形成する反応（Schikorr 反応）**の機構である」ことが明らかとなっている。

4. 合成ポリフェノール系高分子腐食抑制剤

本章では 3 章での応用展開として，水誘導装置系で有効な腐食抑制剤を得るため，I：ピロガロール，クレゾール，ホルムアルデヒドなどの**付加縮合**で得られる**ポリフェノール誘導体（PPD，図 4.1（a）[58]）**を合成し，本環境下での PPD の軟鋼の腐食に対する抑制効果を検討する。

　PPD 添加系の腐食速度は，pH 7 および pH 11 のどちらともピロガロール添加系と同程度の腐食速度を示し，特に，pH 11 において腐食抑制率 97 ％を示している。各種物理化学的測定より，PPD の腐食抑制機構は，pH 7 において

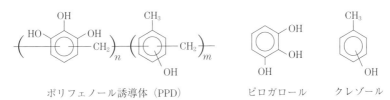

ポリフェノール誘導体（PPD）　　　ピロガロール　　　クレゾール

（a）　ポリフェノール誘導体（PPD），ピロガロールおよびクレゾールの構造

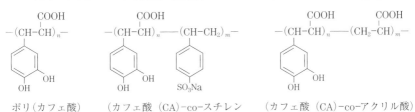

ポリ（カフェ酸）　　　（カフェ酸（CA）-co-スチレン　　　（カフェ酸（CA）-co-アクリル酸）
P(CA)（カフェ酸（CA））　スルホン酸ナトリウム）共重合体　　　共重合体 P(CA/AA)
　　　　　　　　　　　　　　　　P(CA/SStS)

（b）　ポリフェノール高分子の構造

図 4.1　ポリフェノール誘導体（PPD），ピロガロールおよびクレゾールの構造およびポリフェノール高分子の構造[58],[59]

鋼材のカソード部への吸着による腐食抑制，および，pH 11 において脱酸素剤的な腐食抑制および不動態型の腐食抑制の相乗機構である。

　つぎに，Ⅱ：タンニン酸類似の腐食抑制剤として，**ポリ(カフェ酸)**(P(CA))(カフェ酸 (CA))，**(カフェ酸 (CA)-スチレンスルホン酸ナトリウム)共重合体** (P(CA/SStS)) および**(カフェ酸 (CA) -アクリル酸)共重合体** (P(CA/AA)) (図 4.1 (b)[59] および**表 4.1**[59]) を合成し，アルカリ条件下における，これらの軟鋼の腐食に対する抑制効果を検討していく。

表 4.1　ポリフェノール高分子の重合条件および数平均分子量[59]

ポリフェノール 高分子	CA/SStS, CA/AA の単量体比* (重量比)	単量体/触媒比 (重量比)	数平均分子量 M_n 〔－〕
P(CA)-1	100/0	77/23	1.8×10^5
P(CA)-2	100/0	50/50	1.3×10^3
P(CA/SStS)-1	50/50	87/13	7.7×10^4
P(CA/SStS)-2	50/50	80/20	4.4×10^4
P(CA/SStS)-3	50/50	67/33	3.2×10^3
P(CA/SStS)-4	25/75	80/20	3.1×10^3
P(CA/AA)-1	60/40	85/15	2.2×10^3
P(CA/AA)-2	50/50	87/13	1.2×10^3
P(CA/AA)-3	50/50	80/20	1.7×10^3
P(CA/AA)-4	20/80	90/10	1.2×10^3

＊単量体比は，図 4.1 の n/m 比に対応する。

　これらは，タンニン酸と同等に **Schikorr 反応**による不動態化効果に基づく腐食抑制能を示している。特に，単独重合体 (P(CA)) (カフェ酸 (CA)) に比べて共重合体の腐食抑制能は，タンニン酸と対応している。

4.1　脱 酸 素 試 験

脱酸素試験については，Ⅰ型 (図 4.1 (a)) のみ検討している。具体的には，ポリフェノール類のタンニン酸，ピロガロールなどはアルカリ条件下で脱酸素剤である。pH 11 での合成したポリフェノール誘導体 (PPD) の脱酸素速

表 4.2　pH 11 水溶液中での PPD などの脱酸素速度[58]

試　料	脱酸素速度 〔mg O$_2$/dm^3/min^{-1}〕
PPD	26.4
ピロガロール	32.0
タンニン酸	24.0

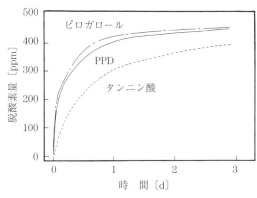

脱酸素剤濃度：1 000 ppm

図 4.2　25 ℃，pH 11 水溶液での脱酸素剤（PPD，ピロガロール
　　　　およびタンニン酸）の脱酸素量[58]

度を**表 4.2**[58]に，脱酸素量を**図 4.2**[58]に示す。

　これより，PPD の**脱酸素速度**および**脱酸素量**は，どちらも，ピロガロールおよびタンニン酸の中間となり，有効な脱酸素能を示している。また，PPDにおいて合成による水酸基失活はない。

4.2　腐食重量減試験

4.2.1　室温常圧における腐食重量減試験

　ここでは，**腐食重量減試験**について述べる。**図 4.3**[58]は，pH 7 の場合の I 型についての結果を示している。軟鋼の腐食速度は，PPD 濃度の増加とともに低下し，PPD 濃度 100 ppm で最少となり，その後，増大している。また，試料濃度範囲（0 ～ 500 ppm）の全般において参照試料であるピロガロール添加

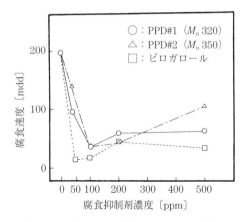

○：PPD#1 (M_n 320)
△：PPD#2 (M_n 350)
□：ピロガロール

腐食速度〔mdd〕

腐食抑制剤濃度〔ppm〕

図 4.3　室温, pH 7 水溶液中における軟鋼の
腐食速度と腐食抑制剤濃度の関係 [58]

系とほぼ同程度の腐食速度を示している。

図 4.4 [58] は, pH 11 の場合の I 型についての結果を示している。軟鋼の腐食速度は, PPD 濃度増加とともに低下し, ピロガロール（参照試料）添加系とほぼ同程度の腐食速度を示している。腐食抑制率 η は, 試料濃度 200 および 500 ppm で 97 および 94 ％を示している。

つぎに, pH 11 の場合の II 型について検討する。室温, 常圧条件での腐食重量減試験の結果を**図 4.5** [59] に示す。どのポリフェノール高分子においても添加濃度の増加とともに腐食速度 v が減少している。特に, 共重合体である P(CA/SStS) および P(CA/AA) の腐食速度は単独重合体である P(CA)（カフェ酸(CA)）に比べて少量添加でも急速に低下している。添加濃度 500 ppm での腐食抑制率 η は P(CA) で 73.1 ％, P(CA/SStS) で 82.7 ％および P(CA/AA) で 86.5 ％となり, 特に, 単独重合体に比べて, 共重合体の η はタンニン酸の最大腐食抑制率（η_{max}, 89 ％（添加濃度 250 ppm））[44] に類似している。なお, ポリフェノール高分子と同一添加濃度（500 ppm）でのタンニン酸 η は 83.7 ％であった [44]。

ここで, 表 4.1 より, 共重合体中の CA 構造単位濃度は, 同一の高分子濃度

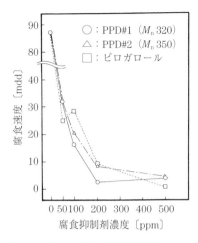

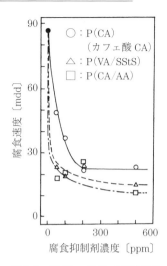

図 4.4 室温，pH 11 水溶液中での
軟鋼の腐食速度と腐食抑制剤濃度
の関係[58]

図 4.5 25 ℃，pH 11 水溶液中に
おける軟鋼の腐食速度と腐食
抑制剤濃度の関係[59]

当り，単独重合体のそれのほぼ 1/2 である。また，図 4.1（b）に示すように，
カフェ酸（CA）はポリフェノール基とカルボキシル基を有し，単独重合体で
は頭−尾結合の重合でもかさ高い構造となり，高分子内でのカフェ酸（CA）間
の立体障害が生じる。これらより，共重合化によりカフェ酸（CA）間の立体
障害が緩和されて個々のカフェ酸（CA）部位が十分に腐食抑制に供せられる
ため，共重合体は単独重合体に比べて効果的な腐食抑制効果が生じている。

4.2.2　高温，高圧条件での腐食重量減試験

つぎに，高温，高圧条件での腐食重量減試験について検討する。効果のあっ
た II 型の共重合体（図 4.1（b））について**オートクレーブ**（高温，高圧の実
験装置）を用いた高温，高圧条件での腐食重量減試験を行っている（**表
4.3**[59]，添加濃度 50 ppm）。どちらのポリフェノール高分子の η も室温，常圧
条件での結果（P(CA/SStS) で 73.5 ％および P(CA/AA) で 79.4 ％）に対応し
ている。また，これらの値はタンニン酸の η_{max}（97 ％（添加濃度 100 ppm））[44]

表 4.3 オートクレーブ（180 ℃, 10 kgf/cm²）下, 50 ppm ポリフェノール高分子添加 pH 11 試験水溶液での軟鋼（SS 400）の腐食抑制率 η [59]

腐食抑制剤	腐食抑制率 η [%]
P(CA/SStS)	75.1
P(CA/AA)	68.0

に比べ低い値となったが, 同一添濃度のタンニン酸の η（24.1 % [44]）を上回る結果となっている。

4.2.3 ボイラー試験

つぎに, **ボイラー試験**におけるポリフェノール高分子添加系での鉄溶出量測定の結果を**表 4.4**[59]に示す。ブランクに比べてポリフェノール高分子添加系での鉄溶出量は低下している。また, これより求めた見かけの η（η_{app}）は約 70 % となってオートクレーブにおける腐食重量減試験と対応する結果となっている。

表 4.4 実験ボイラー（5 日間, 180 ℃, 10 kgf/cm²）下, pH 11 でのボイラー水中における鉄溶出量[59]

腐食抑制剤	鉄溶出量 [ppm/1 L 試験水]
P(CA/SStS)	53
ブランク	176

4.3 物理化学的測定

つぎに, 物理化学的測定について述べる。まず, Ⅰ型については, つぎのような検討をしていく。

4.2 節の腐食重量減試験で有効な腐食抑制を示した試料濃度 500 ppm を用いて各種の電気化学的測定を行っていく。

4.3.1 分 極 曲 線

pH 7 での**分極曲線**では，PPD およびピロガロール（参照試料）添加系溶液中での鋼材のカソード分極曲線の電流密度は無添加系（ブランク）でのそれに比べて低下している（**図 4.6**[58]）。

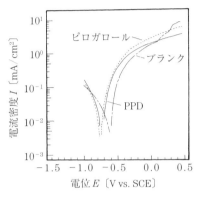

腐食抑制剤：PPD#4 およびピロガロール
腐食抑制剤濃度：500 ppm

図 4.6 室温，腐食抑制剤を非含有および含有 pH 7 水溶液中での軟鋼の分極曲線 [58]

　一般に，吸着型腐食抑制剤は腐食している金属表面に吸着することによってアノード，カソードあるいは両反応の電流密度を低下させる[60]。pH 7 での腐食抑制は分極曲線より（吸着型腐食抑制剤の）カソード抑制型の傾向が強いといえる。また，pH 11 での分極曲線では PPD およびピロガロール（参照試料）添加溶液中での鋼材の分極曲線の電流密度は無添加系（ブランク）でのそれに比べて低下し，特に，鋼材のアノード分極曲線ではブランク ＞ ピロガロール添加系 ＞ PPD 添加系の順に不動態保持電流密度（不動態における最小電流密度）が低下している（**図 4.7**[58]）。腐食抑制剤で不動態が生じる場合には，アノード分極曲線において（ピーク）不動態化電位の卑への移行，臨界不動態化電流密度，不動態保持電流密度（不動態における最小電流密度）などの低下が生じる[60],[61]。pH 11 での腐食抑制は，（不動態型腐食抑制剤の）アノード抑制型の傾向を有する。

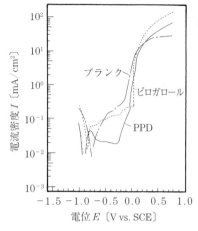

腐食抑制剤：PPD#5 およびピロガロール
腐食抑制剤濃度：500 ppm

図 4.7 室温，腐食抑制剤を非含有および含有 pH 11 水溶液中での軟鋼の分極曲線[58]

4.3.2 自然電位の経時測定

PPD 添加系およびピロガロール添加系での軟鋼の**自然電位の経時測定**において，pH 7 では，ほぼ十数時間後に一定となり，分極曲線の結果と対応した，ブランクよりもやや卑な電位となっている（**図 4.8**[58]）。また，pH 11 での自然電位も，アノード分極曲線との有意な相関を示し，ブランクに比べて大きな貴な電位に移行している（**図 4.9**[58]）。

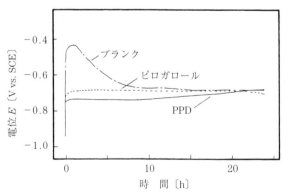

腐食抑制剤：PPD#4 および
ピロガロール
腐食抑制剤濃度：500 ppm

図 4.8 室温，腐食抑制剤を非含有および含有 pH 7 水溶液中での
軟鋼の自然電位と浸漬時間の関係[58]

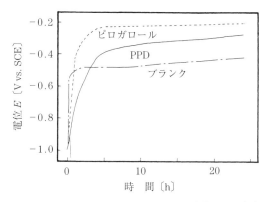

腐食抑制剤：PPD#4 および
　　　　　ピロガロール
腐食抑制剤濃度：500 ppm

図 4.9　室温，腐食抑制剤を非含有および含有 pH 11 水溶液中での
　　　　軟鋼の自然電位と浸漬時間の関係[58]

4.3.3　交流インピーダンス測定

　4.3.1 項の分極曲線測定および 4.3.2 項の自然電位の経時測定から，PPD
の腐食抑制は，ピロガロール，没食子酸[43),48]などと同様に，pH 7 ではおもに
（吸着型腐食抑制剤の）カソード抑制および pH 11 では（不動態型腐食抑制剤
の）アノード抑制であるといえる。

　そこで，**交流インピーダンス測定**および解析をして，pH 7 の PPD 添加系溶
液中での軟鋼/溶液界面での（おもに腐食反応に基づく）カソード反応（電子
伝導体からイオン伝導体への負電荷移動に等価な電極反応）およびアノード反
応（電子伝導体に起因する電荷移動に等価な電極反応）に起因する電荷移動に
等価な界面反応[62]での電荷移動抵抗 R_{ct}（すなわち「腐食抵抗」であり，小さ
いほど腐食速度が大きい）を求め，**表 4.5**[58]に示す。

表 4.5　PPD 非含有および含有 pH 7 水溶液における軟鋼
　　　　（SS 400）の電荷移動抵抗（R_{ct}）[58]

腐食抑制剤	R_{ct} 〔$\Omega \cdot cm^2$〕 （浸漬 1 時間後）	R_{ct} 〔$\Omega \cdot cm^2$〕 （浸漬 3 時間後）	R_{ct} 〔$\Omega \cdot cm^2$〕 （7 時間後）	R_{ct} 〔$\Omega \cdot cm^2$〕 （24 時間後）
PPD	430	320	480	560
ブランク	730	510	230	80

表4.5より，ブランクでのR_{ct}は浸漬とともに低下して腐食が進行する傾向を示すが，PPD添加系のR_{ct}は浸漬とともにやや増加して腐食抑制の傾向を示している。この結果は腐食重量減試験での腐食速度や分極曲線での腐食電流と対応する結果である。なお，pH 11でも類似の傾向を示している。

4.4　全有機炭素測定

つぎに，**全有機炭素量（TOC）測定**を検討していく。pH 7でのPPDの腐食抑制機構を明確にするため，TOC測定を行い，その結果を**表4.6**[58]に示す。PPD添加系のTOC値はブランクに比べて低下し，PPDは鋼材表面に吸着するといえる。

表4.6　pH 7水溶液でのPPDの全有機炭素量（TOC）[58]

腐食抑制剤	TOC〔ppm〕
PPD	16.4

以上を考慮すると，PPDの腐食抑制機構は，没食子酸と同様[43), 48)]に，pH 7では鋼材のカソード部への吸着により腐食抑制し，pH 11では脱酸素剤的な腐食抑制と不動態型の腐食抑制の相乗であると考えられる。

4.5　電気化学測定および表面分析

4.5.1　室温常圧での電気化学測定および表面分析

つぎに，Ⅱ型について，**電気化学測定**および**表面分析**を検討していく。まず，室温，常圧で検討をする。最も腐食抑制効果のあった添加濃度500 ppmでの軟鋼（SS 400）板の浸漬直後（10分程度後）の分極曲線測定結果を**図4.10**[59]に示す。

無添加系（ブランク）に比べてポリフェノール高分子添加系では，より顕著

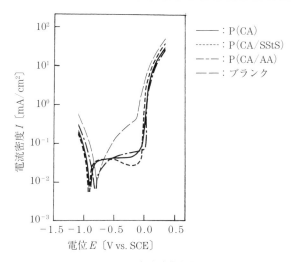

図 4.10 25℃,ポリフェノール高分子非含有および含有 pH 11 水溶液
における軟鋼の分極曲線測定[59]

な不動態領域の存在,定性的ではあるが腐食電流密度の低下傾向などが確認さ
れている。また,同一条件での軟鋼（SS 400）板の自然電位の経時測定を**図
4.11**[59]に示す。浸漬時間とともに自然電位は貴な電位方向に移行する。

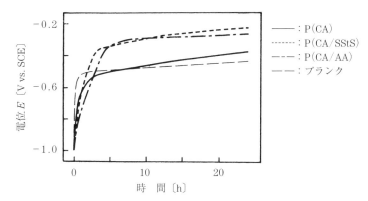

図 4.11 25℃,ポリフェノール高分子非含有および含有 pH 11 水溶液
における軟鋼の自然電位と浸漬時間の関係[49]

また，詳細はつぎの 4.5.2 項で述べるが，**XPS 測定**をすることによって表層に文献 28)，43) と同様な複合的な層の形成を確認することができる。電気化学的測定および表面分析の結果より，ポリフェノール高分子は，タンニン酸と同様に，**不動態型腐食抑制剤**である。

4.5.2 高温高圧での電気化学測定および表面分析

つぎに，高温，高圧条件での検討を述べる。II 型のポリフェノール高分子添加系のボイラー試験において試験片の表面には，室温，常圧条件に比べ，より厚く強固な層の形成が確認されている。この試験片表面について **XPS 測定**した結果を**図 4.12**[59)]に示す。

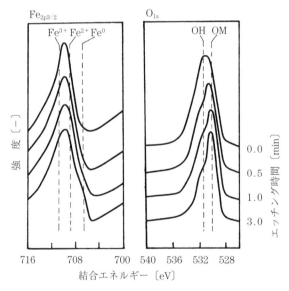

図 4.12 P(CA/SStS)含有 pH 11 水溶液中，実験ボイラー(180 ℃，10 kgf/cm²) 中腐食試験後の軟鋼の XPS スペクトル[59)]

表面では，$Fe_{2p3/2}$ で 710 eV 付近にピークを，および，O_{1s} で 531 eV 付近にピークを生じている。エッチングとともに，$Fe_{2p3/2}$ では 706 eV 付近に肩を持つ 710 eV 付近のピークが，および，O_{1s} で 531 eV 付近に肩を持つ 530.5 eV 付近

のピークが生じている。また，どのピークも幅広なものである。

　本 XPS 測定結果，鉄化合物の XPS 測定の文献値[51][†1]および高温，高圧，水中での腐食生成物の文献値[52][†2]から，表面では $Fe(OH)_3$，吸着水などを副次的に含む Fe_3O_4 皮膜が，エッチングにより層内ではおもに Fe_3O_4 皮膜が形成されていると考えられる。

　また，高温，高圧，アルカリ性，溶存酸素下，ボイラー系では，式（3.2）（酸素のない場合は式（3.1））のように腐食が生じ，式（3.3）の **Schikorr 反応**[†3]（式（3.4）〜（3.9）：Schikorr 反応の素反応）により不動態皮膜が形成されて腐食を抑制すると考えられる。なお，ポリフェノール化合物は，**脱酸素剤**ばかりでなく，次式のように Schikorr 反応を促進させる。

$$6Fe(OH)_3 + P\text{-}C_6H_3(OH)_2 \longrightarrow 2Fe_3O_4 + P\text{-}C_6H_3(=O)_2 + 10H_2O \quad (4.1)$$

以上より，本ポリフェノール高分子は，タンニン酸と同様に，脱酸素効果および Schikorr 反応による不動態化効果に基づく腐食抑制剤である。

4.6　合成ポリフェノールの腐食抑制効果

　本章では，水誘導装置系で有効な腐食抑制剤を得るため，ピロガロール，クレゾール，ホルムアルデヒドなどの付加縮合で得られるポリフェノール誘導体（PPD）を合成し，本環境下での PPD の軟鋼の腐食に対する腐食抑制効果を検討した。さらに，タンニン酸類似の環境に優しい腐食抑制剤の検討として，3種類のポリフェノール高分子，すなわち，ポリカフェ酸（P(CA)）（カフェ酸（CA）），カフェ酸（CA）/スチレンスルホン酸ナトリウム共重合体（P(CA/SStS)）およびカフェ酸（CA）/アクリル酸共重合体（P(CA/AA)），を合成

---

†1　3.4.2 項の脚注（文献 51 の文献値）を参照。

†2　一般に，$Fe(OH)_2$ および FeO の Fe^{2+} 状態の鉄酸化物は高温水中では不安定で，より高次の酸化物に容易に変化する[52]。

†3　Schikorr 反応（再掲）[53]

$$Fe + 2H_2O \longrightarrow Fe(OH)_2 \qquad (3.1)$$
$$2Fe + O_2 + 2H_2O \longrightarrow 2Fe(OH)_2 \qquad (3.2)$$
$$3Fe(OH)_2 \longrightarrow Fe_3O_4 + H_2 + 2H_2O \qquad (3.3)$$

し，この軟鋼の腐食に対する腐食抑制効果を検討した。

以上より，結論として，つぎのようなことがいえる。

（1）　PPD 添加系の腐食速度は，pH 7（中性）および pH 11（アルカリ性）のどちらともピロガロール添加系と同程度の腐食速度を示し，特に，pH 11 において腐食抑制率（η）97 ％を示している。また，ポリフェノール高分子：P(CA)（カフェ酸（CA）），P(CA/SStS) および P(CA/AA) も，アルカリ条件において，同様に腐食を抑制して，特に共重合体系では有効な結果が得られている。

（2）　PPD の腐食抑制は，pH 7 ではカソード抑制および pH 11 ではアノード抑制である。ポリフェノール高分子もアルカリ条件（pH 11）においてアノード抑制であり，タンニン酸と同等に Schikorr 反応による不動態化効果基づく腐食抑制能を示している。

（3）　pH 7 での PPD 添加系の TOC 値はブランクに比べて低く，PPD は鋼材に吸着する。

（4）　pH 11 で PPD の脱酸素速度および脱酸素量は，どちらも，ピロガロールおよびタンニン酸のそれらの中間となり，有効な脱酸素能を示している。さらに，ポリフェノール高分子も同様の結果となっている。

コラム⑩　ポリフェノールといえば，「抗酸化食品因子」

　ポリフェノールは，赤ワインをよく飲むフランス人に虚血性心疾患が少ないことから“フレンチパラドックス（フランスの矛盾）”として一躍有名になった。それと同じように，日本でも，緑茶の渋み成分のカテキン，味噌の原料である大豆に含まれるイソフラボンも，ポリフェノールである。日本人は喫煙者が多いわりに肺がんの発生率が低いことから，最近，“ジャパンパラドックス（日本の矛盾）”という言葉が聞かれている。このように，ポリフェノールは，鉄を錆びから守るのと同じように，人間にとっても健康を守る「抗酸化食品因子」である。

【参考文献】

　　https://lifestyle-habit.com/arteriosclerosis/page-247/page-261/

（5） ポリフェノール高分子において，単独重合体（P(CA)）（カフェ酸（CA））に比べて共重合体（P(CA/SStS) および P(CA/AA)）の腐食抑制能は，タンニン酸のそれに対応している。

（6） （1）～（5）の結論より，PPD およびポリフェノール高分子の腐食抑制機構は，pH 7 では鋼材のカソード部への吸着により腐食抑制し，pH 11 では脱酸素剤的な腐食抑制と不動態型の腐食抑制の相乗である。

5. 合成高分子腐食抑制剤（カチオン系，共重合体系も含む）

本章では，合成のカチオンおよびアニオン系の高分子による腐食抑制剤の検討をしていく。**アニオン系高分子**である**アクリル酸系，マレイン酸系，イタコン酸系，（アクリルアミド系）**などの**ホモポリマー，二元共重合体，アクリル酸誘導体系，アクリル酸-アクリルアミド系1と2および三元共重合体**を中心に述べる。

なお，ポリフェノール系高分子については3章で紹介した。また，アクリル酸とアクリルアミドの共重合体からさらに進化した高分子系（**高分子コンプレックス系**）については6章で述べる。

本章では，カチオン系として

・ポリエチレンイミン（PEI-H）

・ポリアリルアミン（PAAm-L および-H）

・ポリエチレンイミン誘導体（PEID-H）

・ポリジシアノジアミン誘導体（PDCDA-M）

アニオン系として

・ポリアクリル酸（PAA-1H と-1L，-1M および-2H）

・ポリイタコン酸（PIA-1L，2L，-3L および-1H）

・マレイン酸-ブタジエン共重合体（P(MA/BU)-1L，-1M，-1H，-2L，-2H，-3L および-3H）

・マレイン酸-α-オレフィン共重合体（P(MA/OL)-1L，-1M，-1H，-2L および-3L）

・アクリル酸-マレイン酸共重合体（P(AA/MA)-1L, -1M および-H）

・アクリル酸-イタコン酸共重合体（P(AA/IA)）

・イタコン酸-スチレンスルホン酸ナトリウム共重合体（P(IA/NaSS)）

・アクリル酸誘導体（アクリル酸のカルボン酸末端-長鎖ビニル-カルボン酸（PAA-LC-A1, -A2, -A3, -A4 および-A5））

・アクリル酸-アクリルアミド系共重合体（P(AA/AAm)-1L, -2L, -3L, -4L, -5L, -6L, -7L, -8L, -9L, -10L, -11L, -12L, -13L, -14L および-15H）

・アクリル酸-ジメチルアクリルアミン共重合体（P(AA/DMAAm)-1L, -2L, -3L および-4L）

・アクリル酸-ジエチルアクリルアミド共重合体（P(AA/MAAm)-1L, -2L, -3L および-4L）

・アクリル酸-アクロイルモルホリン共重合体系（P(AA/AMo)-L1, -L2 および-M1）

・アクリル酸-アクリルアミド-スチレンスルホン酸ナトリウム共重合体（P(AA/AAm/NaSS)-1M, -2M, -3M, -4L, -5L, -6L, -7M, -8M, -9M, -10L, -11L, -12L, -13M, -14L, -15L, -16L, -17L, -18L および-19M）

・アクリル酸-アクリルアミド-アクレオイルモルホリン共重合体（P(AA/AAm/AMo)-1L, -1M, -1H, -2H, -3H および-4H）（ホモポリマー, 二元共重合体および三元共重合体）

を用いて検討していく。**表5.1** に, 分類, 次元, 高分子名, 略号を示す。略号は（ ）内に示し, 文字の末尾のL, M および H の表記は, 数平均分子量の度合い（L：低分子量（～2 000）, M：L と M の間の中程度の分子量（2 000 ～8 000）および H：高分子量（8 000 ～））を示す。

表 5.1 高分子腐食抑制剤一覧

分類・次元・高分子（略号）

カチオン系高分子
　01）ポリエチレンイミン（PEI-H）
　02）ポリアリルアミン（PAAm-L および-H）
　03）ポリエチレンイミン誘導体（PEID-H）
　04）ポリジシアノジアミン誘導体（PDCDA-M）

ポリフェノール系高分子
　Ⅰ：付加縮合高分子
　　ピロガロール，クレゾール，ホルムアルデヒドなどの付加縮合で得られる
　　05）ポリフェノール誘導体（PPD）
　Ⅱ：ラジカル重合高分子
　　ホモポリマー
　　06）ポリ（カフェ酸）（P(CA)）（カフェ酸（CA））
　　二元共重合体
　　07）（カフェ酸（CA）-スチレンスルホン酸ナトリウム）共重合体（P(CA/SStS)）
　　08）（カフェ酸（CA）-アクリル酸）-共重合体（P(CA/AA)）

アニオン系高分子
　ホモポリマー
　　09）ポリアクリル酸（PAA-1H と-1L，-1M および-2H）
　　10）ポリイタコン酸（PIA-1L，-2L，-3L および-1H）
　　11）アクリル酸誘導体（アクリル酸のカルボン酸末端-長鎖ビニル-カルボン酸
　　　　（PAA-LC-A1，-A2，-A3，-A4 および-A5））
　二元共重合体
　　12）マレイン酸-ブタジエン共重合体（P(MA/BU)-1L，-1M，-1H，-2L，-2H，-3L
　　　　および-3H）
　　13）マレイン酸-α-オレフィン共重合体（P(MA/OL)-1L，-1M，-1H，-2L および-3L）
　　14）アクリル酸-マレイン酸共重合体（P(AA/MA)-1L，-1M および-H）
　　15）アクリル酸-イタコン酸共重合体（P(AA/IA)）
　　16）アクリル酸-アクロイルモルホリン共重合体系（P(AA/AMo)-L1，-L2 および-M1）
　　17）イタコン酸-スチレンスルホン酸ナトリウム共重合体（P(IA/NaSS)）
　　18）アクリル酸-アクリルアミド系共重合体（P(AA/AAm)-1L，-2L，-3L，-4L，-5L，
　　　　-6L，-7L，-8L，-9L，-10L，-11L，-12L，-13L，-14L および-15H）
　　19）アクリル酸-ジメチルアクリルアミン共重合体（P(AA/DMAAm)-1L，-2L，-3L
　　　　および-4L）
　　20）アクリル酸-ジエチルアクリルアミド共重合体（P(AA/MAAm)-1L，-2L，-3L
　　　　および-4L）
　三元共重合体
　　21）アクリル酸-アクリルアミド-ビニルスルホン酸共重合体（P(AA/AAm/VS)）
　　22）アクリル酸-アクリルアミド-スチレンスルホン酸ナトリウム共重合体
　　　　（P(AA/AAm/NaSS)-1M，-2M，-3M，-4L，-5L，-6L，-7M，-8M，-9M，
　　　　-10L，-11L，-12L，-13M，-14L，-15L，-16L，-17L，-18L および-19M）

表 5.1　つづき

23) アクリル酸-アクリルアミド-アクロイルモルホリン共重合体（P(AA/AAm/AMo)
　　-1L, -1M, -1H, -2H, -3H および-4H)

注：ポリアクリル酸は，つねに比較として，示されているので，考慮していただきたい。

5.1　腐食速度と腐食抑制率

　まず，本系における**腐食重量減試験**を検討していく。3 章でも示したが，腐食重量減試験から得られる**腐食速度** v〔mdd〕（単位は〔mg/dm^2/day〕の頭文字をとって〔mdd〕と示している）および**腐食抑制率** η〔%〕は，腐食抑制剤の最も基本的な情報となる（腐食抑制の場合，腐食速度 v〔mdd〕は小さければ小さいほど良く，腐食抑制率 η〔%〕は大きければ大きいほど良い（100 % が最大値））。なお，腐食速度 v と腐食抑制率 η の定義式は次式となる。

$$腐食速度\ v = \frac{w}{AT} \tag{5.1}$$

$$腐食抑制率\ \eta = \frac{v_0 - v}{v_0} \times 100 \tag{5.2}$$

（w：重量減少量〔mg〕，A：表面積〔dm^2〕，T：試験期間〔day〕，v_0 および v：おのおの腐食抑制剤が存在しないときおよび存在するときの腐食速度）

　本アニオン系高分子の腐食重量減試験より求めた腐食抑制率 η を**表 5.2** にまとめる。なお，下線の数値は各腐食抑制剤の**最大腐食抑制率** η_{max} である。

　ここで，冷却水系における LC 水と HC 水におけるカルボキシル基を有する高分子腐食抑制剤の挙動の違いの一つを紹介する[63),69)]。**図 5.1**[63),69)] に示すように冷却水系循環初期の LC 水条件では，カルボキシル基による鋼板上への効果的な吸着のため腐食抑制剤濃度の増加とともに効果的に腐食を抑制するが，熱交換により濃縮の進行した HC 水条件ではカルボキシル基を有する高分子による鋼板上へのスケール層の破壊とその分散（図中の**スケールブレイクダウン**

表 5.2 腐食重量減試験より求めた腐食抑制率 η
　　　　（なお，下線の数値は各腐食抑制剤の最大腐食抑制率 η_{max} を示している）[63), 66)~69)]

高分子（数平均分子量）	腐食抑制率 η〔%〕		参考文献
	LC	HC	
ホモポリマー（単独重合体）			
ポリアクリル酸			
PAA-1M　（4 300）	93	93	66)
-1M　（6 200）	90	92	66)
-1H　（9 500）	90	72	66)
-2H　（12 000）	96	-	63)
ポリイタコン酸			
PIA-1M　（2 900）	34	33	69)
-2M　（3 000）	44	40	69)
-3M　（3 400）	67	19	69)
-1H　（26 000）	96	-41	69)
アクリル酸誘導体高分子（PDn：$n=1\sim3$）：次記 「AAのカルボン酸末端（-COO-）-長鎖ビニル（-A-）-カルボン酸（-COOH）」			
PD1M：PAA-LC（A=-(CH$_2$)$_2$-）　　　　（6 900）	35	63	69)
PD2M：PAA-LC（A=-(CH$_2$CH$_2$O)$_7$-）　（6 500）	-	-86	69)
PD3M：PAA-LC（A=-(CH$_2$)$_5$COO(CH$_2$)$_5$-）（6 300）	21	60	69)
二元共重合体			
アクリル酸-スチレンスルホン酸ナトリウム共重合体			
P(AA/SStS(5/5))-1H　　　（12 000）	95	-17	63)
-2H　　　（17 000）	94	65	63)
-3H　　　（46 000）	94	80	63)
P(AA/SStS(2.5/7.5))-4H　（12 000）	92	-	63)
P(AA/SStS(1/9))-5H　　　（12 000）	82	-	63)
アクリル酸-アクロイルモルホリン共重合体系			
P(AA/AMo(5/5))-L1　　（1 200）	55	73	69)
（8.3/1.7)-L2　　（1 200）	20	85	69)
（8.3/1.7)-M1　　（5 700）	87	70	69)
マレイン酸-ブタジエン共重合体			
P(MA/BU(5/5))-1L　　（800）	99	-	63)
-2L　　（1 000）	99	-	63)
-3L　　（1 200）	99	-	63)

表5.2 つづき

高分子（数平均分子量）	腐食抑制率 η〔%〕		参考文献
	LC	HC	
マレイン酸-α-オレフィン共重合体			
(P(MA/OL(8/2))-1L　（900）	93	35	63)
-2L　（1 400）	99	20	63)
-3L　（2 100）	99	-47	63)
(P(MA/OL(5/5))-4L　（2 300）	98	-53	63)
-5L　（2 600）	99	-53	63)
アクリル酸-マレイン酸共重合体			
P(AA/MA)-1L　（1 000）	93	97	66)
-2L　（1 800）	93	97	66)
-3L　（3 000）	91	93	66)
アクリル酸-イタコン酸共重合体			
P(AA/IA(5/5))M　（3 200）	37	7	69)
イタコン酸-スチレンスルホン酸ナトリウム共重合体			
P(IA/NaSS(7.5/2/5))M　（4 100）	86	83	69)
アクリル酸-アクリル酸誘導体共重合体			
P(AA/PD1)-H　（12 000）	88	60	69)
P(AA/PD3(6.7/3.3))-M　（4 200）	41	-	69)
(8.3/1.7))-H　（8 400）	-	80	69)
(9.9/0.1))-H　（11 000）	37	67	69)
アクリル酸-アクリルアミド系共重合体			
P(AA/AAm(5/1))-3L　（1 000）	72	77	67)
(5/1)-10L　（1 600）	-	27	67)
(10/1)-11L　（1 200）	-	62	67)
(20/1)-12L　（1 100）	-	62	67)
(5/1)-1H　（12 000）	92	92	67)
アクリル酸-ジメチルアクリルアミン共重合体			
P(AA/DMAAm(5/1)-3L　（1 400）	-	73	67)
アクリル酸-ジエチルアクリルアミド共重合体			
P(AA/MAAm(5/1)-3L　（1 400）	-	50	67)
三元共重合体			
アクリル酸-アクリルアミド-ビニルスルホン酸共重合体			
P(AA/AAm/VS)　（-）	94	94	68)
アクリル酸-アクリルアミド-スチレンスルホン酸ナトリウム共重合体			
P(AA/AAm/NaSS(5/1/0/1))-7M　（4 000）	92	95	68)

表5.2　つづき

高分子（数平均分子量）	腐食抑制率 η〔%〕		参考文献
	LC	HC	
アクリル酸-アクリルアミド-アクロイルモルホリン共重合体			
P(AA/AAm/AMo(7.2/1.4/1.4))-1M　(6 800)	95	95	69)
(7.2/1.4/1.4)-1H　(9 500)	97	95	69)
(7.2/1.4/1.4)-2H　(15 000)	91	95	69)
(3.4/3.3/3.3)-3H　(9 100)	92	(81)	69)
(8.4/0.8/0.8)-4H　(10 000)	92	94	69)

注：略号の最後に示したL，MおよびHは数平均分子量の目安で，「数平均分子量：L（2 000
　　以下），M（2 000 ～ 8 000）およびH（8 000 以上）」を考慮して示す。また，ポリアク
　　リル酸は，つねに比較として，示されているので，考慮していただきたい。

（scale breakdown，SB））による腐食抑制能の低減が問題になっている [63),69)]。
そのため，著者らは，このように種々のカルボキシル基を有する高分子を合成
し，それらの腐食抑制能を検討してきている [63),66)~69)]。

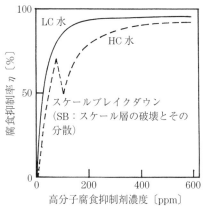

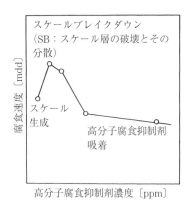

（a）　LC 水および HC 水条件におけるカルボ
　　　　キシル基を有する高分子腐食抑制剤の
　　　　濃度と腐食抑制率（η）の関係

（b）　（a）の縦軸を腐食速度に直し
　　　　た場合の HC 水条件での高分子腐食抑
　　　　制剤の濃度と腐食速度の関係

図5.1　LC 水と HC 水におけるカルボキシル基を有する高分子腐食抑制剤の挙動の違い [63),69)]

5.2 重合体ごとの検討

5.2.1 単独重合体の検討

　ここでは，ホモポリマー（単独重合体）においては，ポリアクリル酸
（PAA），ポリイタコン酸（PIA）およびアクリル酸誘導体（PDn）の高分子に
ついて検討していく。LC および HC 水条件において，PDn 高分子よりも PAA
および PIA の高分子が腐食抑制において優れており，主鎖から離れて長鎖末
端にある COOH 基よりも主鎖に直結する COOH 基を有する高分子が有効であ
る。分子量的には，LC 水条件では PAA は M および H のどちらも効果があり，
PIA は H において効果がある。やはり近接した位置に COOH 基が多数あるこ
とにより立体障害が生じやすく，鋼板への吸着に影響を及ぼしているといえ
る。しかしながら，ある程度多くてもそれを超えるほどの分子量サイズであれ
ば，安定な吸着膜として作用するので，どちらも H が有効に働いていると推
測できる。一方，HC 水条件においては，このホモポリマーの中では，PAA の
み有効であり，分子量的に H よりも M のほうが有効である。これについては，
LC 水と HC 水の違いが明確に出ていると考えられる。

5.2.2 二元共重合体の検討

　ホモポリマー（単独重合体）の結果を受けて二元共重合体について検討した
ところ，アクリル酸系（アクリル酸–スチレンスルホン酸ナトリウム共重合体
およびアクリル酸–アクロイルモルホリン共重合体）においては，LC 水条件
では分子量の H のものが腐食抑制に対して有効であり，HC 水条件では分子量
の L のものが有効となり，相反している。

　また，マレイン酸系（マレイン酸–ブタジエン共重合体およびマレイン酸–
α–オレフィン共重合体）においては，LC 水条件では分子量の L のものが腐食
抑制に対して非常に有効であり，HC 水条件では有効な高分子が得られていな
い。そこで，特に興味深いものとして，アクリル酸–マレイン酸共重合体につ

いて検討すると，分子量的に L のものが，LC 水条件および HC 水条件におい
て非常に有効な腐食抑制能を示していた。

なお，アクリル酸−イタコン酸共重合体ではどちらの水系においても有効で
はない結果である。しかしながら，イタコン酸系においてイタコン酸−スチレ
ンスルホン酸ナトリウム共重合体（分子量は M）では，LC 水条件および HC
水条件において有効である。アクリル酸−アクリル酸誘導体共重合体において
は，LC 水条件では P(AA/PD1)H が，および HC 水条件では P(AA/PD3（8.3
/1.7))−H が有効である。

このホモポリマー（単独重合体）および二元系共重合体の一例として，ポリ
アクリル酸，アクリル酸−マレイン酸共重合体，マレイン酸−ブタジエン共重
合体およびマレイン酸−α−オレフィン共重合体について，LC 水および HC 水
条件での腐食抑制率 η と高分子特性の相関を検討していく。

LC 水条件における腐食重量減試験の結果より本高分子の η を求め，これと
本高分子の

① 数平均分子量 M_n

および，カルボン酸側鎖を有する単量体単位の

② 含　量

③ 種　類

④ 濃　度

の関係を検討し，**図 5.2**[66)] および**表 5.3**[66)] に示す。なお，① 〜 ③ で用いた η
は（最大の η である η_{max} で示している）高分子濃度 200 ppm の値である。さ
らに，ホモポリマー以外に，関連する二元共重合体：アクリル酸−マレイン酸
共重合体（P(AA/MA)−1L，−1M および−H），マレイン酸−ブタジエン共重合
体（P(MA/BU)−1L，−1M，−1H，−2L，−2H，−3L および−3H），マレイン酸
−α−オレフィン共重合体（P(MA/OL)−1L，−1M，−1H，−2L および−3L）の結
果もあわせて示してある。

① M_n の影響では，10^3 〜 10^4 の範囲の M_n において，全般的に M_n が小さ
くなるほど η が増加する傾向となり，1 000 〜 3 000 の範囲の M_n で η の最大

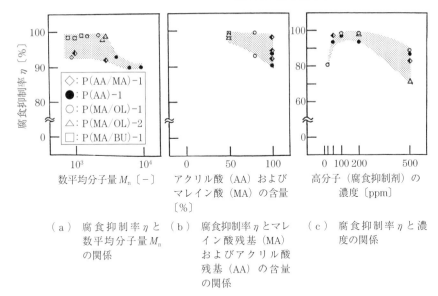

（a）腐食抑制率ηと数平均分子量M_nの関係

（b）腐食抑制率ηとマレイン酸残基（MA）およびアクリル酸残基（AA）の含量の関係

（c）腐食抑制率ηと濃度の関係

図5.2 大気下，室温におけるLC水中でのアニオン性高分子における腐食抑制率ηの諸関係[66]

（P(MA/OL)-1および-2，P(MA/BU)-1の腐食抑制率ηは文献63)のデータである。）

表5.3 冷却水系におけるカルボン酸側鎖を有する高分子の特性による軟鋼（SS 400）の腐食抑制に与える影響[66]

試験溶液	腐食抑制に与える影響*			
	① M_n	② MA および AA 含量	③ 単量体の種類	④ 高分子含量
LC 水条件	＋＋ (1 000 ～ 2 000)	＋ (50 %)	± (MA > AA)	＋＋ (100 ～ 200 ppm)
HC 水条件	± (低 M_n)	＋ (100 %)	＋＋ (AA ≫ MA)	＋＋ (> 500 ppm)

* ＋＋：より大きな影響，＋：影響あり，±：わずかな影響，－：影響なし。
括弧内の数値，式および語句は，最も効果のある腐食抑制の状態を示す。

値を示している。

② 含量の影響では，全般的にカルボン酸側鎖を有する単量体単位で影響を受け，50 ％でηの最大値を示している。

③ カルボン酸側鎖を有する単量体単位の種類とηの関係は明確にならな

いが，AA系よりもMA系高分子のほうがやや有効であると考えられる。

④ 濃度の影響として，高分子濃度増加とともにηも増加して極大値を示した後に減少する傾向となり，100〜200 ppmの範囲でηの最大値を示している。

これらより，LC水条件においてηは③の単量体単位の種類よりも①のM_n（1 000〜3 000のM_n），②の単量体単位の含量（59％程度の含量）および④の濃度（100〜200 ppmの濃度範囲）に大きく依存する傾向を示している。

上記と同様に，HC水条件における腐食重量減試験の結果から，本高分子のηと上記の①〜④の関係を検討してみよう（**図 5.3**[66]および表5.3）。なお，①〜③での検討に用いたη（最大のη，すなわちη_{max}で示してある）は高分子濃度500 ppmの値である。

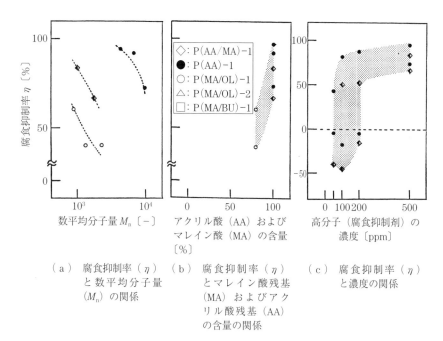

（a） 腐食抑制率（η）と数平均分子量（M_n）の関係

（b） 腐食抑制率（η）とマレイン酸残基（MA）およびアクリル酸残基（AA）の含量の関係

（c） 腐食抑制率（η）と濃度の関係

図 5.3 大気下，室温におけるHC水中でのアニオン性高分子における
腐食抑制率ηの諸関係[66]
（P（MA/OL）-1および-2の腐食抑制率（η）は文献63）の腐食速度からの計算値である。）

　全般的に，HC 水条件での η と ① ～ ④ の関係は LC 水条件に比べて，それほどに明確な傾向は見られないが，つぎのような関係を示している。

　①　M_n と η の関係は総体的な傾向としては明確とならないが，おのおのの高分子では M_n の低下とともに η が増加する傾向である。

　②　単量体単位の含量と η の関係では含量増加とともに η が増加する傾向が見られ，100 ％含量の場合で最大の η を示している。

　③　単量体単位の種類にも η は大きく影響し，マレイン酸（MA）系よりもアクリル酸（AA）系の高分子のほうが有効である。

　④　濃度の影響として，ほとんどの高分子において η は高分子濃度増加とともにいったん負の値となり（すなわち，ブランクよりも腐食速度が大きくなり），さらに濃度増加とともに正の値となり増加する。500 ppm で最大の η を示す。

　これらより，HC 水条件においては，η は ① の M_n（おのおのの高分子での程度の差異はあるが，全般的に低 M_n で有効な傾向）よりも，② の単量体単位の含量（100 ％の含量），③ の種類（MA 系よりも AA 系高分子が有効）および ④ の濃度（500 ppm またはそれ以上の濃度範囲）に依存する傾向がある。

　また，アクリル酸−アクリルアミド系共重合体を体系的に，すなわち，アクリル酸−アクリルアミド系共重合体，アクリル酸−ジメチルアクリルアミン共重合体およびアクリル酸−ジエチルアクリルアミド共重合体について検討したところ，アクリル酸とアクリルアミドの相互作用の強く出る，アクリル酸−アクリルアミド系共重合体の H 系で，LC 水条件および HC 水条件において非常に有効な腐食抑制能を示している[67]。

　このことが始まりで，後の章で述べる「高分子間コンプレックス（PPC）系腐食抑制剤」が生まれた。

5.2.3　三元共重合体の検討

　さらに，ホモポリマーおよび二元共重合体の影響を受けて**三元共重合体**について検討すると，非常に興味深い結果が得られる。用いた三元共重合体は，**ア**

クリル酸–アクリルアミド–ビニルスルホン酸共重合体，アクリル酸–アクリルアミド–スチレンスルホン酸ナトリウム共重合体およびアクリル酸–アクリルアミド–アクロイルモルホリン共重合体の 3 種類の三元共重合体である。どれも「アクリル酸–アクリルアミド–スペーサー的な物質（ビニルスルホン酸，スチレンスルホン酸ナトリウムおよびアクロイルモルホリン）」から構成されており，アクリル酸とアクリルアミドは相互作用を有し，立体的な空間を維持するためにスペーサー的な物質を入れている。これにより，これらの三元共重合体においては，LC 水条件および HC 水条件のどちらにおいても，腐食抑制率 η が 90 ％以上の非常に有効な腐食抑制を成し遂げている[68]。

　これら三元共重合体は有効な腐食抑制能を示す[68],[69]。特に，アクリル酸–アクリルアミド–ビニルスルホン酸共重合体：P(AA/AAm/VS)，アクリル酸–アクリルアミド–スチレンスルホン酸ナトリウム共重合体：P(AA/AAm/NaSS-(5/1/0/1))-7M（4 000）およびアクリル酸–アクリルアミド–アクロイルモルホリン共重合体（どの高分子も有効で $\eta = 90$ ％以上）である[68]。P(AA/AAm/VS)においては 100 ppm 以下の添加で腐食抑制効果が見られたが，それ以上の添加量では抑制効果が劣る傾向が見られている[68]。これは，溶液中のアクリル酸部位濃度の増加のため高分子が素地金属と錯形成[70]を起こして溶解反応が促進されたために腐食抑制率が低下していると考えられる。一方，P(AA/AAm/NaSS)-7M は，添加濃度 200 ppm で最大抑制を示し，PAA および P(AA/AAm/VS)に比較すると，高濃度添加でも抑制効果の低下が多少改善されている。さらに，P(AA/AAm/AMo)においては，どの AMo 含有三元共重合体においても，効果的な腐食抑制能を示している[69]。

　最後に，図 5.4[69]に最大腐食抑制率 η_{max} と高分子の数平均分子量の相関を示す。本三元高分子のほかに，P(AA/AAm/NaSS)，本二元高分子：P(AA/AMo)および P(AA/AAm)を示す。

　有効な η_{max} が得られ，かつ，スケールブレイクダウン（SB）が生じないのは，$M_n = 7 \times 10^3 \sim 1 \times 10^4$ 程度であり，ほかに有効であった P(AA/AAm)系[67]とも対応している。

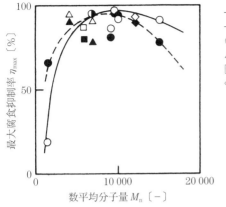

図5.4 LC水条件およびHC水条件におけるカルボキシル基を有する高分子系の
腐食抑制剤の数平均分子量 M_n と最大腐食抑制率 η_{max} の関係[69]

η_{max} に対する AA 含量（**図5.5**（a）[69]），AA/AAm 比（図（b））および AA
/AMo 比（図（c））の関係を示す。AA 含量は 70 mol％程度が最も腐食抑制
に効果がある。AA/AAm 比および AA/AMo 比は AA 含量の傾向に比べて腐食

コラム⑪ 多用されるポリアクリル酸およびそのナトリウム塩

　ポリアクリル酸およびそのナトリウム塩は，水系の増粘剤として，食
品，医薬品，化粧品，工業用途など，多岐にわたる分野で使用される。例
えば，食品では，増粘安定剤，品質改良剤など，医薬品では，賦形，湿潤
調整，粘稠，粘着・粘着増強，基剤目的の医薬品添加剤として経口剤，外
用剤，歯科外用剤，口中用剤など，化粧品では，洗顔料，クレンジング
料，化粧水，美容液，保湿クリーム，エイジングケア化粧品など，さまざ
まな分野で使用されている。また，アクリル酸−アクリルアミド共重合体お
よびそのナトリウム塩も，増粘剤，バインダー，超吸収剤，土壌改良剤，
ろ過助剤，凝集剤，架橋剤，懸濁剤，潤滑剤，油回収剤などでも使用され
ている。

【参考文献】

https://cosmetic-ingredients.org

https://www.chem-station.com/molecule

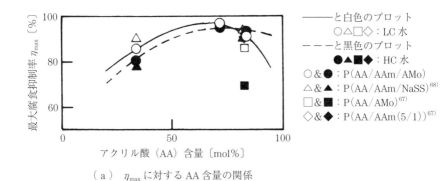

（a） η_{max} に対する AA 含量の関係

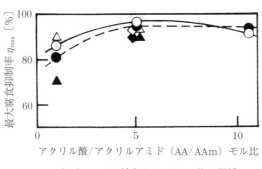

（b） η_{max} に対する AA/AAm 比の関係

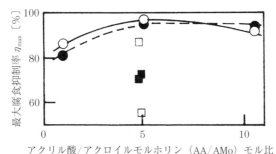

（c） η_{max} に対する AA/AMo 比の関係

図 5.5 LC 水条件および HC 水条件におけるカルボキシル基を有する高分子系のアクリル酸（AA）含量，アクリル酸/アクリルアミド（AA/AAm）モル比およびアクリル酸/アクロイルモルホリン（AA/AMo）モル比と最大腐食抑制率 η_{max} の関係[69]

抑制に対してあまり顕著ではないが，ともに1/5(モル比)程度が有効である。

　また，図5.5より本共重合体系には，SStS官能基のようなカルボキシル基との相互作用を有する立体障害基腐食抑制に効果的なこと，さらに，AMo単独よりもAAmとAMoの共存のほうがより効果的なことが示されている。

　以上より，本系の分子構造と腐食抑制の相関より，①M_n **7×10³ ～ 1×10⁴程度**，②**AA含量70 mol%程度**，③**主鎖直結型のカルボキシル基**，および，④カルボン酸以外の官能基としてAAmとAMoの官能基（AA含量に対してAAmおよびAMoがどちらも15 mol%程度）のような**三元共重合体系**が，冷却水系での軟鋼の腐食抑制に効果的である。

5.3　ポリアクリル酸系腐食抑制剤の物理化学的測定および表面分析

　ポリアクリル酸系の腐食抑制剤について，各種の物理化学的測定および表面分析が行われているので紹介する。ここでは，LC水条件とHC水条件に分けて述べる。

5.3.1　LC水条件の場合

LC水条件については，つぎのように検討していく。まず，各種の電気化学的測定を行う。

〔1〕　分極曲線測定

マレイン酸-ブタジエン共重合体のP(MA/BU(5/5))-1Lを含む溶液について，軟鋼の**分極曲線**を測定した結果を**図5.6**[63]に示す。

腐食抑制剤を含まない溶液（ブランク）に対して，貴にシフトして，電流密度も低下している。効果的に腐食抑制したPAA[68]，P(AA/AAm/VS)[68]，P(AA/AAm/NaSS)[68]およびPP(AA/AAm/AMo)[69]についても同様な結果が得られている。

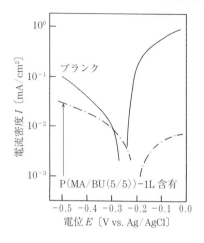

図 5.6　攪拌（100 rpm）下，室温における
50 ppm P(MA／BU(5／5))-1L 非含有お
よび含有の LC 水中での分極曲線[63]

〔2〕　交流インピーダンス測定

　さらに，P(MA／BU(5／5))-1L 添加溶液に浸漬した軟鋼について，**交流イン
ピーダンス測定（図 5.7 〜 図 5.10)**[63]を行ったところ，ブランクに比べて非
常に大きな容量性の円弧が見られた（図 5.7)。これを等価回路（図 5.8）を
用いて解析した。図 5.8（a）に示す等価回路（モデル）は簡略化すると図
（b）となる。ここで，R_{sol} および R_{ct} は，おのおの，溶液抵抗および電荷移動
抵抗である。$C_{inhibitor}$ は腐食抑制剤が吸着した部分の容量であり，C_{dl} は腐食抑
制剤が吸着していない部分の容量であり，かつ，見かけの（電気）二重層容量
である。

　電荷移動抵抗 R_{ct}（すなわち，「腐食抵抗」であり，これが小さいほど腐食速
度が大きくなる）の経時変化は，ブランクに比べて大きく維持され（図
5.9)，電気二重層容量（C_{dl}）の経時変化は，ブランクに比べて小さく維持さ
れた（図 5.10)。どちらも腐食重量減試験の結果に対応する，効果的な腐食抑
制の傾向を示している。

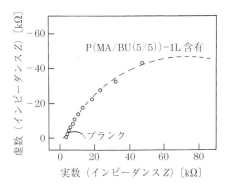

図 5.7　室温，30 min 浸漬後の 50 ppm P(MA/BU(5/5))-1L 非含有および含有の LC 水中での軟鋼の Nyquist（ナイキスト）プロット（＝Cole–Cole プロット）[63]

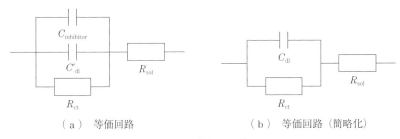

（ a ）　等価回路　　　　　　　　　（ b ）　等価回路（簡略化）

図 5.8　等価回路 [63]

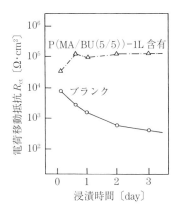

図 5.9　室温下，P(MA/BU(5/5))-1L 非含有および含有の LC 水での電荷移動抵抗 R_{ct} と軟鋼の浸漬時間の関係 [63]

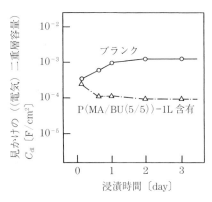

図 5.10　室温下，P(MA/BU(5/5))-1L 非含有および含有の LC 水での見かけの（（電気）二重層容量）C_{dl} と軟鋼の浸漬時間の関係 [63]

〔3〕 TOC 測定

さらに，物理化学測定の一つである**全有機炭素量（TOC）測定**の結果を示す。P(MA/BU(5/5))-1L を含む溶液の TOC 測定を行ったところ，軟鋼に対応する鉄粉を含まない溶液（ブランク）に比べて，鉄粉を含む溶液では，TOC 値が減少し，鉄粉表面に吸着していることがわかる（**表5.4**[63]）。効果的に腐食抑制した P(AA/SStS)[63]，P(MA/BU)[63] および P(MA/OL)[63]，P(AA/AAm/VS)[68] および P(AA/AAm/NaSS)[68] についても同様な結果が得られている。

表5.4 P(MA/BU(5/5))-1L における全有機炭素量
(TOC) 測定と吸着量[63]

腐食抑制剤濃度 〔ppm〕	TOC〔ppm〕		吸着量* 〔ppm〕
	鉄有	鉄無	
0	1.5	2.8	－
200	110.2	98.6	11.6
500	271.9	270.1	1.8

＊ （吸着量）＝（鉄無の TOC）－（鉄有の TOC）

〔4〕 紫外・可視（UV-vis）吸収スペクトル測定

さらに，**紫外・可視（UV-vis）吸収スペクトル測定**において，軟鋼板表面で鉄あるいは鉄イオンと高分子（PAA[63]，P(AA/SStS)[63]，P(MA/BU)[63] および P(MA/OL)[63] など）中の COOH 基との相互作用，Fe-(COOH)n 錯体の形成について，紫外・可視（UV-vis）吸収スペクトル測定より検討していく。

一例として，P(AA/SStS(5/5))-1H の結果を**図5.11**[63] に示す。ここで，使用した鉄イオンは鉄(Ⅱ)アンモニウム硫酸（FeSO$_4$(NH$_4$)$_2$SO$_4$・6H$_2$O）からの鉄イオンである。鉄イオンの入っていない溶液（ブランク）に対して，鉄イオンの入っている溶液では明確ではないが下矢印（↓）で示す吸収極大（λ_{max}）は見られている。このスペクトルは，以前に報告している鉄イオン-グリコール酸錯体の UV-vis スペクトル[71] に対応しており，さらに鉄イオンと-COOH 基の錯体の Dq パラメータ[72]† にも一致している。

† Dq パラメータは配位子場強度のパラメータである。このパラメータは配位化学および対応する分光学における金属錯体の結晶場理論に基づくパラメータである[72]。

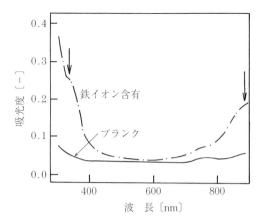

図 5.11 室温における鉄イオン含有および非含有の 50 ppm P(AA/SStS(5/5))
-1H 含有 LC 水溶液の UV-vis 吸収スペクトル [63]

〔5〕 表面分析

つぎに，表面分析である **SEM 観察**および **XPS 測定**を検討する。

SEM による鋼板表面の観察結果より，腐食抑制剤無添加の溶液に浸漬した鋼板表面は凹凸となり，かなり腐食が進行しているが，P(AA/AAm/NaSS)の腐食抑制剤を添加した溶液に浸漬した鋼板表面では浸漬前の鋼板表面と同様にエメリー紙研磨による研磨傷のみ観測されている。鋼板の表面状態が浸漬前と比較してほとんど変わらないことより，本高分子による腐食抑制が確認できる [68]。

図 5.12 [68] に LC 水条件における XPS 測定結果を示す。$Fe_{2p3/2}$ スペクトルにおいて，腐食抑制剤無添加の溶液（ブランク）に浸漬した鋼板では，Ar^+ エッチングを行っても Fe^0 価に起因するピーク [73] が見られないが，P(AA/AAm/NaSS)添加溶液に浸漬した鋼板では徐々にこのピークが現れ，腐食があまり進行していないことを示唆している。C_{1s} スペクトルにおいて，本腐食抑制剤添加溶液に浸漬した鋼板では 288.0 eV 付近に＞C＝O に結合に起因するピーク [73] が見られ，カルボキシル基の存在が示されている。このピークは腐食抑制剤の無添加溶液に浸漬した鋼板では見られないことより，添加した本**高分子**

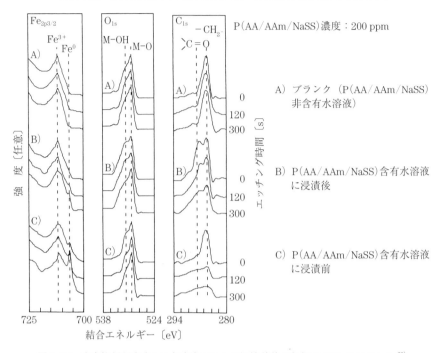

図 5.12　腐食抑制剤含有 LC 水溶液での 1 日浸漬前後の軟鋼の XPS スペクトル[68]

腐食抑制剤によるものであり，またこのピークは Ar^+ エッチングにより徐々に見られなくなることから鋼板表面への本**高分子腐食抑制剤**の吸着によるものと確認できる。

5.3.2　HC 水条件の場合

つぎに，HC 水条件について，各種の電気化学的測定，物理化学的測定，表面分析などを検討する。

HC 水条件においても，分極曲線測定，自然電位の経時変化測定および交流インピーダンス測定などの電気化学的測定より，腐食抑制挙動および機構を検討している。

〔1〕　分極曲線測定

腐食抑制に最適な濃度の PAA^{68}，$P(AA/AAm/VS)^{68}$ および $P(AA/AAm/$

NaSS)[68]を添加した水溶液での軟鋼の**分極曲線**を測定した結果を**図5.13**[68]に示した。腐食抑制剤を添加していない溶液（ブランク）に浸漬した軟鋼電極に比べて，腐食抑制剤を添加している溶液に浸漬した軟鋼の分極曲線において電流密度がアノード側およびカソード側も減少している。これは混合抑制型の傾向を示しており，腐食電流密度はブランク溶液のそれに比べて小さくなっている。

　P(AA/MA)[66]系（**図5.14**[66]）およびP(AA/AAm/AMo)[69]系についても同様の結果が得られている。

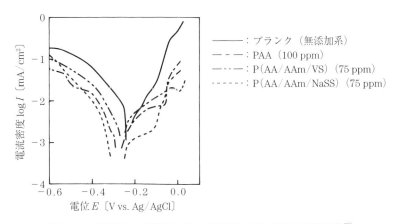

図5.13　攪拌条件，室温下，HC水溶液における軟鋼の分極曲線[68]

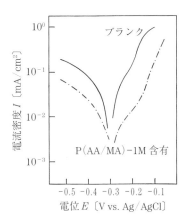

図5.14　大気下，室温でのP(AA/MA)–1M非含有（ブランク）および含有のHC水中での軟鋼の分極曲線[66]

〔**2**〕　**自然電位の経時測定**

　また，P(AA/MA)[66]系を添加した溶液における軟鋼の**自然電位の経時測定**において，腐食抑制剤を入れていない溶液（ブランク）に浸漬した軟鋼の自然電位は浸漬時間とともに卑な方向に移行しているが，高分子腐食抑制剤（P(AA/MA)[66]）を入れている溶液に浸漬した軟鋼の自然電位は時間とともに貴の方向に移行している。上記の他の腐食抑制剤についても同様である。

〔**3**〕　**インピーダンス測定**

　さらに，P(AA/MA)[66]系添加溶液に浸漬した軟鋼の**交流インピーダンス測定**を行ったところ，浸漬した軟鋼の Nyquist（ナイキスト）プロット（＝Cole-Cole プロット）による周波数応答を**図 5.15**[66]に示す。これは，腐食抑制剤添加系および無添加系（ブランク）の水溶液に浸漬した軟鋼のインピーダンス軌跡はそれぞれ一つの歪んだ容量性の円弧を示しており，図中の界面モデルを考慮した等価回路に基づく解析[15),66)]より，軟鋼電極の電解銅抵抗 R_{ct} および電気二重層容量 C_{dl} を算出し，それらの経時変化を**図 5.16**[66]に示す。

　本高分子腐食抑制剤を添加した溶液に浸漬した軟鋼電極の R_{ct} は浸漬時間とともに大きくなり，かつ，つねにブランクでのそれに比べて大きい値を示して

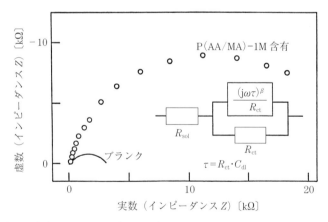

図 5.15　室温，大気下における P(AA/MA)-1M 非含有および含有の HC 水中での軟鋼の Nyquist プロット（＝Cole-Cole プロット）および等価回路[66]

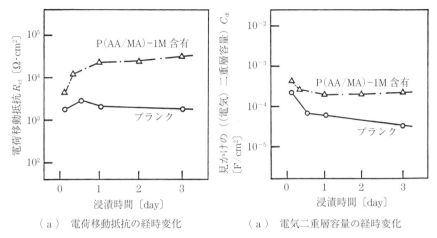

（a） 電荷移動抵抗の経時変化　　　　（a） 電気二重層容量の経時変化

図 5.16 大気下，室温での P（AA/MA）-1M 非含有および含有の HC 水中での軟鋼の浸漬時間に対する電荷移動抵抗 R_{ct} および電気二重層容量 C_{dl} の経時変化[66]

いる。また，C_{dl} は浸漬時間とともに減少し，ブランクでのそれも減少している。これは，スケールの堆積に基づくものと考えられる。有効に腐食を抑制した高分子腐食抑制剤についても同様な結果を得ている。

〔4〕 TOC 測 定

　全有機炭素量（TOC）測定より，鉄粉および高分子腐食抑制剤を両添加した溶液の TOC 値は鉄粉無添加かつ高分子添加（ブランク）溶液のそれに比べて小さくなっている（一例，P（AA/MA）系：鉄粉・高分子両添加系：366 ppm，鉄粉無添加・高分子添加系：472 ppm）[66]。他の系も同様な結果[68]を得ている。

〔5〕 Ca^{2+}濃度測定

　高分子腐食抑制剤とスケールの相互作用に関する検討の一つとして，図 5.17[66]にスケール抑制試験（Ca^{2+}濃度測定）の結果を示す。本試験では，P（AA/MA）の少量添加により溶液の Ca^{2+}濃度は増加し最大値を示している。この最大値は Ca^{2+} の仕込み濃度に対応し，完全にスケールが抑制されたと考えられる。さらに，腐食抑制剤を添加すると溶液の Ca^{2+}濃度は徐々に減少し，極小値を示した後に，再び増加している。この現象は Ca^{2+} とカルボン酸陰イ

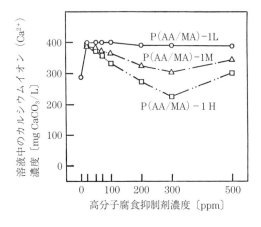

図**5.17** 大気，室温下での HC 水におけるスケール抑制試験：P(AA/MA)-1L，－1M および-1H 濃度とカルシウムイオン（Ca^{2+}）量の関係[66]

オンによるゲル化（高分子金属錯体の形成とそれによる不溶化）に起因すると報告されている[70),74)～76)]。

〔6〕 濁 度 測 定

〔5〕のスケール抑制試験（Ca^{2+}濃度測定）に関連して，**濁度測定（図 5.18**[66)]**）** を行ったところ，高分子 P(AA/MA) の少量添加では溶液の濁度には顕著な変化が見られないが，P(AA/MA) 過剰添加により濁度は増加し，極大値

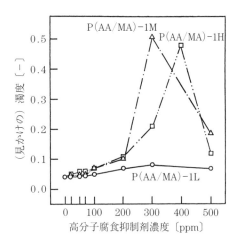

図**5.18** 大気，室温下での HC 水における P(AA/MA)-1L，－1M および-1H 濃度と（見かけの）濁度の関係[66)]

を示した後に，再び減少している。これより，スケール抑制試験（Ca^{2+} 濃度測定）と同様に，P(AA/MA)過剰添加によるスケール抑制能低下の傾向は，濁度測定からも認められている。

　このようなスケール抑制能と高分子濃度（5.2.2 項の腐食重量減試験で示した「④ 濃度」に対応する項目で，高分子に関するパラメータは以下「① 数平均分子量 M_n，②（単量体単位の）含量，③ 種類および ④ 濃度」のように示す）の関係には強弱はあるが，本実験で用いたどの高分子腐食抑制剤でも認められている。すなわち

（ⅰ）　高分子腐食抑制剤の少量添加ではスケール抑制能が見られ

（ⅱ）　過剰添加ではゲル化が生じてスケール抑制能が低下し，さらに

（ⅲ）　過剰添加するとゲル化が緩和および抑制されてスケール抑制能が回復する傾向が見られる。

　これらのことをまとめると，上記の「④ 濃度」の代わりに，「① M_n」，「② 含量」および「③ 種類」とスケール抑制能の関係を検討すると，（ⅰ）における少量添加でのスケール抑制能に与える ① 〜 ③ の影響は明確にならないが，（ⅱ）（および（ⅲ））における過剰添加でのスケール抑制能低下，すなわち，ゲル化に与える ① 〜 ③ の影響は明確となり，「① M_n」（おのおのの高分子において程度の差はあるが全般的に低 M_n でゲル化低下）および「③ 種類」（MA系よりも AA 系高分子が有効）に影響する傾向を示す。

　以上より，HC 水条件において高分子腐食抑制剤の過剰添加によるスケール抑制能の低下の傾向，すなわち，ゲル化の度合いと高分子特性（① 〜 ④）の相関は，腐食重量減試験における腐食抑制率 η と高分子特性との相関にほぼ対応し，ゲル化の度合いと η には相関が得られると考えられる。

　これらの溶液分析より，HC 水条件においては，二元系共重合体をスケール抑制およびゲル化生成を示す条件で使用した場合，有効な腐食抑制を示さないと考えられ，これらを考慮に入れた腐食抑制挙動の解析と有効な腐食抑制剤の設計を考える必要がある。このため，有効な腐食抑制剤の設計として，三元系共重合体が検討されている。

〔**7**〕　**表 面 分 析**

つぎに，表面分析として，**SEM 観察**および **XPS 測定**を検討する。なお，上記のことを考慮して，これらの分析には，三元系共重合体で行う。

（**a**）　**SEM 観 察**　　SEM による鋼板表面の観察結果を**図 5.19**[68)]に示す。腐食抑制剤を添加していない溶液に浸漬した鋼板ではほぼ全体がスケールで覆われているが，ところどころに腐食が観測されている。

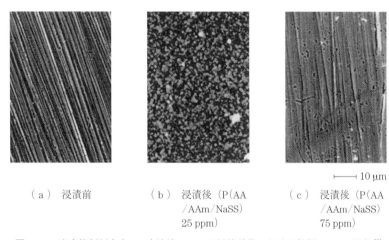

├────┤ 10 μm

（a）　浸漬前　　　　（b）　浸漬後（P（AA　　　（c）　浸漬後（P（AA
　　　　　　　　　　　　　　/AAm/NaSS）　　　　　　　　/AAm/NaSS）
　　　　　　　　　　　　　25 ppm）　　　　　　　　　　75 ppm）

図 5.19　腐食抑制剤含有 HC 水溶液での 1 日浸漬前後における軟鋼の SEM 写真[68)]

腐食抑制剤を添加している溶液に浸漬した鋼板では，腐食抑制剤 25 ppm 添加時にはスケール成分の沈殿物が観測され（図（b）），スケールと高分子腐食抑制剤の複合によって腐食が抑制されていることが裏付けられている。

75 ppm 添加時では鋼板表面が浸漬前の鋼板表面（図（a））とほぼ同様であり，スケール成分の沈殿物が観測されていないことから（図（c）），スケール抑制された後の鋼板に新たに高分子腐食抑制剤のカルキシル基が吸着し，腐食抑制されていると考えられる。

（**b**）　**XPS 測 定**　　　HC 水条件における軟鋼試験版の XPS 測定結果を**図 5.20**[68)]に示す。腐食抑制剤無添加の溶液（ブランク）では $Ca_{2p3/2}$ スペクトルにおいて 347.1 eV に Ca^{2+} に基づくピーク[73)]および C_{1s} スペクトルにおいて

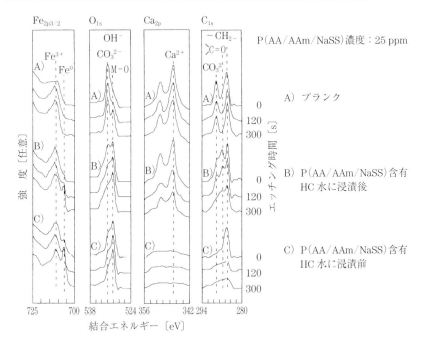

図5.20 腐食抑制剤含有 HC 水での1日浸漬前後の軟鋼の XPS スペクトル[69]

289.6 eV に CO_3^{2-} に基づくピーク[73]が得られ，スケールである炭酸カルシウムの存在が確認できる。

これらのピークは Ar^+ エッチング後も見られることにより，ある程度の厚さの沈殿皮膜が形成されていると推測できる。高分子腐食抑制剤を添加した溶液に浸漬した鋼板においても Ca^{2+}，CO_3^{2-} に基づくピークが得られ，炭酸カルシウム皮膜の存在が確認される。さらに，C_{1s} スペクトルにおいて 288.0 eV 付近に $>C=O$ 結合に基づくピーク[73]が見られることから，高分子腐食抑制剤である吸着基であるカルボキシル基の存在が確認される。

また，$Fe_{2p3/2}$ スペクトルにおいて腐食抑制剤無添加の溶液に浸漬した鋼板では Ar^+ エッチングを行っても鉄0価に起因するピークが見られないのに対し，高分子腐食抑制剤を添加した溶液では徐々にこのピークが現れ，腐食がほとんど進行していないことが示される。

以上のことより，HC 水条件の高分子腐食抑制剤の低濃度添加では，おもに，スケールによる沈殿皮膜と高分子腐食抑制剤の吸着皮膜により腐食抑制すると考えられる。

5.4　高分子の分子構造と腐食抑制能

　本章の最後に，これまで解説してきた腐食重量減試験および物理化学的測定・表面分析の結果から，分子構造と腐食抑制能の相関について考えてみる。特に，腐食抑制効果のあった **P(AA/AAm/AMo)**[69]**系三元共重合体**を中心にこれらの相関について説明する。

　図 5.4 には，M_n と η_{max} の関係を示した。この図には，参考として，P(AA/AMo)[69]，P(AA/AAm)[67]および P(AA/AAm/NaSS)[68]の結果も示している。図から，有効な η_{max} が得られ，かつスケールブレイクダウン（SB）が生じないのは，$M_n = 7 \times 10^3 \sim 1 \times 10^4$ 程度であり，他にやや有効であった P(AA/AAm)[67]とも対応している。

　さらに，図 5.5 には η_{max} に対する AA 含量（図（a）），AA/AAm 比（図（b））および AA/AMo 比（図（c））の関係を示した。AA 含量は 70 mol％ 程度が最も腐食抑制に効果的である。AA/AAm 比および AA/AMo 比は AA 含量の傾向に比べて腐食抑制に対してあまり顕著でないが，ともに 1/5（モル比）程度が有効である。また，この図から本高分子系には，NaSS の官能基のような単なる立体障害基よりも AAm や AMo の官能基のようなカルボキシル基との相互作用を有する立体障害基が腐食抑制に効果的なこと，さらに，AMo 単独よりも AAm と AMo の共存により腐食抑制により効果的であることが示される。

　これらより，**P(AA/AAm/AMo)**[69]**系三元共重合体**の分子構造と腐食抑制能の相関について

① $M_n = 7 \times 10^3 \sim 1 \times 10^4$ 程度

② AA 含量 70 mol％程度

③ 主鎖直結型のカルボキシル基

④ カルボン酸以外の官能基

として AAm と AMo の官能基（AA 含量に対して AAm および AMo がどちらも 15 mol％程度）のような三元共重合体が，冷却水系での軟鋼の腐食抑制に効果的である。

　以上より，水誘導装置系（冷却水系，ボイラー系など）における種々カチオン系およびアニオン系高分子（ホモポリマー（単独重合体），二元系共重合体および三元系共重合体）による軟鋼の腐食抑制機構を腐食試験および物理化学的測定・表面分析の結果から検討した結論として，つぎの（1）～（8）のことがいえる。

　（1）　カチオン系高分子には腐食抑制能がないが，アニオン系高分子は効果的な腐食抑制能を示していた。特に，カルボン酸を有するアニオン系高分子が優れていた。

　（2）　冷却水系の低濃縮（LC）水条件において，アニオン系高分子の腐食抑制率 η は，カルボン酸基（COOH 基）を有する単量体単位の「種類」による違い（例えば，AA 系よりも MA 系高分子のほうがやや有効であるなど）よりも，「数平均分子量 M_n」，カルボン酸基の単量体単位の「含量」および「濃度」のほうに依存し，単独重合体系（1 000 ～ 3 000 程度）および共重合体系（7 000 ～ 10 000 程度）の数平均分子量，50 ～ 70 ％程度の単量体単位の含量および 100 ～ 200 ppm の濃度範囲の条件で η が最大となる。

　（3）　電気化学測定，溶液分析および表面分析より，LC 水条件およびスケール抑制やゲル化を示さない場合の高濃縮（HC）水条件において，これらのアニオン系高分子は鋼板に吸着することにより腐食を抑制する吸着型腐食抑制剤である。

　（4）　HC 水条件おいて，これらのアニオン系高分子の η は「数平均分子量 M_n」（おのおのの高分子の程度の差はあるが全般的に低平均分子量で有効な傾

向）よりも，カルボン酸基の単量体単位の「含量」，「種類」および「濃度」に依存し，70〜100％の含量，種類としてMA系よりもAA系高分子および500 ppm（またはこれ以上）の濃度範囲の条件でηが最大となる。特に，単独重合体および二元系共重合体よりも三元系共重合体が，腐食抑制に優れている。また，ηと高分子/カルシウムイオン（Ca^{2+}）に基づくゲル化の度合いに相関が得られる。

（5）　電気化学測定，溶液分析および表面分析より，HC水条件において，スケールと高分子による複合によって腐食を抑制し，すなわち，スケールによる沈殿皮膜と高分子腐食抑制剤の吸着皮膜により腐食を抑制する，混合型の腐食抑制機構である。

（6）　高分子（単独重合体および共重合体を含む）による有効な腐食抑制剤の選定には，最適な分子量，組成比，触媒/単量体比などを検討することが重要であり，特に，共重合体では，PAAと比べて鋼板への吸着制御が可能となって，ある程度の立体障害基を有する三元共重合体は有効であることが示される。特に，アクリル酸/アクリルアミド/アクリルモルホリン三元共重合体（P（AA/AAm/AMo））において，最大腐食抑制率（η_{max}）90％以上で，スケールブレイクダウン（SB）の生じにくい良好な腐食抑制剤を見出している。

（7）　最も腐食抑制能の高かったアクリル酸/アクリルアミド/アクリルモルホリン三元共重合体（P（AA/AAm/AMo））の設計指針は，① 数平均分子量7 000〜10 000程度，② AA含量70 mol％程度，③ 主鎖直結型のカルボキシル基および④ カルボン酸以外の官能基としてAAmおよびAMoの官能基（AA含量に対してAAmおよびAMoがどちらも15 mol％程度）のような三元共重合体系が，水誘導装置系（冷却水系，ボイラー系など）における軟鋼の腐食抑制に効果的である。

（8）　アクリル酸，アクリルアミドなどより成る共重合体の多くの腐食抑制剤の設計のための基礎データより，単純モデル系であるポリアクリル酸とポリアクリルアミドの混合系（PAA/PAAm）の検討が必要であり，アクリル酸とアクリルアミドからなる**高分子間コンプレックス（PPC，（PAA/PAAm）$_c$）**

への可能性が示唆されている（詳細は 7 章で述べる）。

コラム⑫　ポリビニルピリジン塩酸塩の腐食抑制剤

　ポリビニルピリジン塩酸塩が鋼の熱間圧延工程（特に，酸化鉄皮膜除去の酸洗）における腐食抑制剤として用いられている。

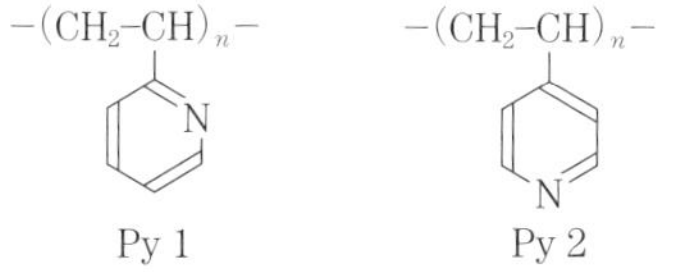

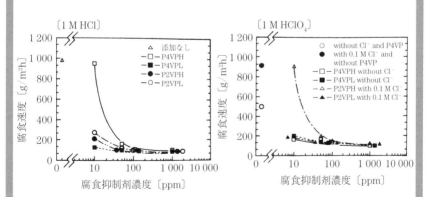

図 1　ポリビニルピリジン

図 2　各種酸溶液中のビニルピリジン系高分子の添加濃度と軟鋼の腐食速度の関係（浸漬時間：300 s，温度：353 K，P2VPH および P2VPL：高分子量および低分子量のポリ(2-ビニルピリジン)，P4VPH および P4VPL：高分子量および低分子量のポリ(4-ビニルピリジン)）

6. 合成ポリカフェ酸と合成ポリアクリル酸の複合系腐食抑制剤（ポリフェノール+ポリアクリル酸（4+5）の複合系）

アクリル酸とカフェ酸アミドの二元共重合体およびその類縁体として，**アクリル酸/カフェ酸アミド系**（P(AA/CAm)），**アクリル酸/カフェ酸系**（P(AA/CA)）および**アクリル酸/けい皮酸アミド系**（P(AA/CiAm)）の二元共重合体（**図6.1**[77]および**表6.1**[77]）を合成し，冷却水系での軟鋼の腐食に対する抑制効果を検討する。

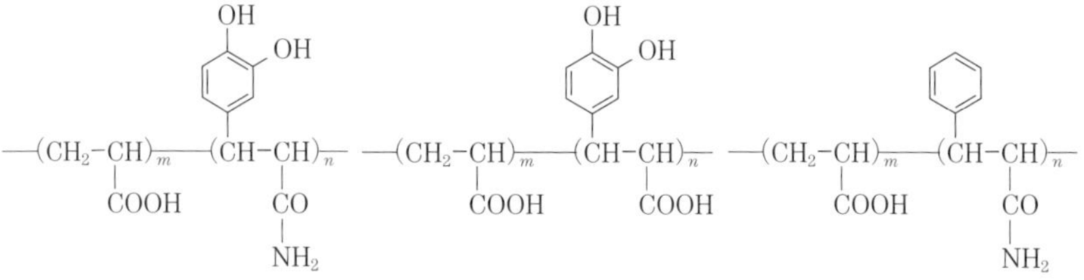

（a） P(AA/CAm)　　（b） P(AA/CA)　　（c） P(AA/CiAm)

図6.1 アクリル酸/カフェ酸アミド系二元共重合体およびその類縁体[77]

特に，上記の3種類の腐食抑制剤を用いて，ポリアクリル系での中性条件における吸着型の腐食抑制機構とポリフェノール系でのアルカリ条件におけるSchikorr反応（式（3.1）～（3.9）に記載）を促進させてFe_3O_4を形成する不動態化効果による不動態型の腐食抑制機構の両方を有するハイブリッドで高性能な腐食抑制剤の開発を目指している。

本章では，その結果および考察を，LC水条件とHC水条件に分けて紹介する。

表6.1 アクリル酸/カフェ酸アミド系二元共重合体および
その類縁体の合成条件とそれらの数平均分子量[77]

共重合体	単量体比：AA/CAm，CAまたはCiAm（モル比）	単量体/触媒比（モル比）	数平均分子量 M_n
P(AA/CAm)1	1/1	10/1	3.3×10^3
P(AA/CAm)2	10/1	10/1	6.3×10^3
P(AA/CAm)3	5/1	5/1	4.2×10^3
P(AA/CAm)4	5/1	10/1	4.5×10^3
P(AA/CAm)5	5/1	15/1	5.0×10^3
P(AA/CAm)6	5/1	20/1	5.2×10^3
P(AA/CAm)7	5/1	50/1	5.4×10^3
P(AA/CA)	5/1	10/1	4.4×10^3
P(AA/CiAm)	5/1	10/1	8.5×10^3

6.1 腐食重量減試験

6.1.1 LC水条件の場合

腐食重量減試験について，LC水条件における本高分子の腐食重量減試験の結果を**図6.2**[77]に示す。

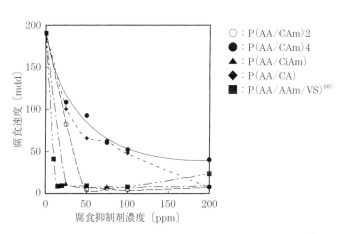

図6.2 LC水条件における腐食抑制剤濃度と腐食速度の関係[77]

　AA 組成の大きな P(AA/CAm)2 は，広い添加濃度範囲において良好な腐食抑制効果を示している。つぎに，成分組成および触媒組成を一定（AA/CAm，CA（または CiAm）＝5/1（モル比），単量体/触媒＝10/1（モル比））に固定した P(AA/CAm)4，P(AA/CA)および P(AA/CiAm)の各高分子について検討した結果，P(AA/CiAm)は他の高分子に比べて広い添加濃度範囲で腐食を抑制している。

　すなわち，ベンゼン環のような立体障害基により，従来の腐食抑制剤に見られた高濃度添加における腐食抑制能の改善ができ，これにより広い濃度範囲で腐食抑制できるのである。また，これらの高分子の重合はすべて同じ条件で行っているが，それぞれの構成要素の立体障害により，P(AA/CiAm)は，他の高分子に比べて分子量が大きくなっている。したがって，LC 水条件においては AA 組成および分子量が大きいほど，良好な防食性能を有している。

　なお，これらの高分子には，前章で示した P(AA/AAm/VS)に見られた腐食速度の増加が見られず，立体障害基を有する単量体は LC 水条件における腐食抑制剤の構成要素として適当であると考えられる。

6.1.2　HC 水条件の場合

　つぎに，HC 水条件における本高分子の**腐食重量減試験**の結果を**図 6.3**[77]に示す。

　P(AA/CAm)4 は，広い添加濃度範囲において良好な腐食抑制効果を示している。これはスケールと高分子の相乗効果によるもので，本書の目的である高分子がスケールを保持したまま吸着する形式をとれたものと考える。

　また，LC 水条件と同様に成分組成，触媒組成を一定にした高分子群の比較において，P(AA/CA)は基本的には P(AA/CAm)と同様な傾向が見られ，これは，これら高分子の分子量，立体障害性がほぼ同様であると考えらえるため，それほど高分子の性質に差が出なかったものと考えられる。

　また，P(AA/CiAm)の腐食抑制効果は，やや劣っているが，スケールの析出抑制能が強く働き，防食効果が上がらなかったものと考えられる。

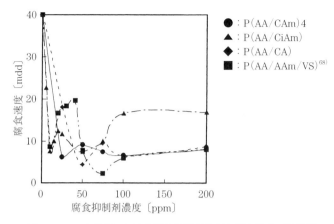

図 6.3 HC 水条件における腐食抑制剤濃度と腐食速度の関係[77]

つぎに，P(AA/AAm/VS)との比較において，P(AA/AAm/VS)は P(AA/CiAm)と同様に低濃度添加においてはスケールと高分子の吸着による複合皮膜により腐食が抑制され，その後カルボキシル基特有のスケール析出抑制能により腐食速度の増加が見られている。また，P(AA/CiAm)の低濃度添加における腐食速度の増加度合いは小さくなっている。

以上のことから，本高分子群は，HC 水条件においても構成要素のベンゼン環による立体障害により，カルボキシル基の吸着能，スケール析出抑制能などを制御するため，腐食抑制能を改善したと考えられる。

6.2 物理化学的測定および表面分析

物理化学的測定および表面分析として，LC および HC 条件において，TOC 測定，SEM 観察，XPS 測定などを検討する。

6.2.1 LC 水条件の場合

LC 水条件において，**TOC 測定**結果では，P(AA/CA)を除く P(AA/CAm)2 および P(AA/CiAm)において，P(AA/AAm/VS)に対応する結果を示している。

SEM 観察においては，腐食抑制剤を添加していない（ブランク）溶液に浸漬した鋼板では腐食が激しく進行しているが，P(AA/CAm)2 を添加した溶液に浸漬した鋼板では浸漬前の鋼板表面と同様に，研磨傷のみが観測され，腐食が進行していないことが示されている。他の腐食抑制剤添加系でも同様の結果が得られている。

最後に，**XPS 測定**において，腐食抑制剤を添加していない（ブランク）溶液に浸漬した鋼板では，$Fe_{2p3/2}$ スペクトルにおいて Ar イオンスパッタリングを行っても Fe^0 に基づくピーク[70]は見られないが，P(AA/CAm)2 を添加した溶液に浸漬した鋼板ではこのピークが見られ，さらに，N_{1s} スペクトルにおいて，P(AA/CAm)2 を添加した溶液に浸漬した鋼板では，ブランクでは見られなかった NH_2 基に起因するピークが見られており，本高分子の腐食抑制剤が鋼板に吸着して腐食を抑制していると考えられる。

コラム⑬　複合的な合成高分子系の腐食抑制剤[2)のa]

合成高分子系の腐食抑制剤としては，古くは石油（プラント）系での高分子量アミンの使用が知られているが，ポリ（アリレンスルフィド），ポリ（フェニレンスルフィド）などに，種々のポリアミドやポリアクリルアミド（図）を添加して，複合的な合成高分子系の腐食抑制剤もある。

$$-(\underset{O}{C}-R_1-\underset{H}{N})_n- \qquad -(\underset{O}{C}-R_1-\underset{O}{C}-\underset{H}{N}-R_2-\underset{H}{N})_n- \qquad -(\underset{R_4}{\overset{R_3}{C}}-\underset{NR_6}{\overset{R_5}{C}})_n-$$

R_7

R_1 および R_2：$C_2 \sim C_{15}$ の脂肪族炭化水素および $C_3 \sim C_{16}$ の環状脂肪族炭化水素

R_3，R_4 および R_5：H，$C_1 \sim C_6$ の脂肪族炭化水素および $C_3 \sim C_{10}$ の環状脂肪族炭化水素

R_6 および R_7：H，$C_1 \sim C_{12}$ の脂肪族炭化水素，$C_3 \sim C_{14}$ の環状脂肪族炭化水素，$C_6 \sim C_{20}$ の芳香族炭化水素および $C_3 \sim C_{10}$ のアルキルアルコール

図　ポリアミドおよびポリアクリルアミド系高分子

6.2.2　HC 水条件の場合

HC 水条件において，**SEM 観察**では，腐食抑制剤を添加していない（ブランク）の溶液に浸漬した鋼板では，浸漬前とは異なり，激しい凹凸があり，腐食が進行している。これに対して，腐食抑制剤である P(AA/CAm)4 および P(AA/CA)を入れた溶液に浸漬した鋼板では，このような凹凸は見られない。つぎに，**XPS 測定**において，腐食抑制剤を添加していない（ブランク）溶液および P(AA/CAm)4 を入れた溶液に浸漬した鋼板では，$Fe_{2p3/2}$ スペクトルにおいて Ar イオンスパッタリングを行っても Fe^0 に基づくピーク[70]は見られず，$Ca_{2p3/2}$ スペクトルにおいて，347.1 eV に Ca^{2+} に基づくピークが，および，C_{1s} スペクトルにおいて 289.6 eV に CO_3^{2-} に基づくピークが得られている。

したがって，鋼板表面は炭酸カルシウム（$CaCO_3$）スケールの皮膜で覆われていると考えられる。さらに，N_{1s} スペクトルにおいて，腐食抑制剤に浸漬した鋼板のみ，ブランクでは確認できなかった NH_2 基に起因するピークが見られ，腐食抑制剤も存在していると考えられる。

これらのことより，HC 水条件においては，鋼板表面に $CaCO_3$ のスケールと高分子の腐食抑制剤から成る複合皮膜により，腐食を抑制していると考えられる。

6.3　アクリル酸/カフェ酸アミド系二元共重合体およびその類縁体の腐食抑制能

本章では，アクリル酸/カフェ酸アミド系二元共重合体およびその類縁体を合成し，冷却水系での軟鋼の腐食に対するそれらの複合的な腐食抑制能について検討した。その結論として，つぎの（1），（2）がいえる。

（1）　LC 水条件において，アクリル酸/カフェ酸アミド二元共重合体（P(AA/CAm)2）およびアクリル酸/けい皮酸アミド系二元共重合体（P(AA/CiAm)）は，立体障害基により，従来の腐食抑制剤に見られた高濃度添加での腐食抑制能を改善し，広い添加濃度範囲で高い腐食抑制効果を示している。また，吸着試験，表面分析の結果，高分子が鋼板表面に吸着することにより腐食

を抑制する。

（2） HC水条件において，アクリル酸/カフェ酸アミド二元共重合体（P（AA/CAm)4）およびアクリル酸/カフェ酸二元共重合体（P(AA/CA)）は立体障害基により，従来の腐食抑制剤に見られた低濃度添加での腐食抑制能を改善している。また，表面分析の結果，$CaCO_3$のスケールと高分子の腐食抑制剤から成る複合皮膜により腐食を抑制する。

7. 高分子間コンプレックス（PPC）系腐食抑制剤

本章では，5章の共重合体の効果を参考にして，より合成が容易で，簡潔に評価できる**高分子間コンプレックス（PPC）系**による腐食抑制剤としての性能を評価する。特に，HC水条件での複雑な腐食抑制挙動の解明のため，このPPC系の腐食抑制剤を用いて，腐食抑制能およびその機構について検討する。

一般に，（水溶液中において）2種類のまったく異なった高分子鎖が水素結合，クーロン力，ドナー–アクセプター相互作用力，ファンデルワールス力，疎水結合力などのいわゆる二次結合力を介して集合する現象[†1]があり，この集合体を**高分子間コンプレックス（PPC）**という[78)~82)]。この現象を腐食抑制へ利用するには，カルボキシル基（COOH基）を有する高分子としてポリアクリル酸（PAAN），そしてポリメタクリル酸（PMAAN）との水素結合による相互作用を考慮してアミド基（CONH$_2$基）を有する高分子としてポリアクリルアミド（PAAmM）（**図7.1**[82)]および**表7.1**[82)]）を用いて，これらの基間において水素結合力を介してPPCを形成することが考えられている[†2]。このような**PPCによる腐食抑制剤**の効果を検討していく。

---

†1 これは，著者の恩師である故 土田英俊先生が見出した現象である。
†2 いままでは，ポリアクリル酸，ポリメタクリル酸およびポリアクリルアミドの略号はPAA，PMAAおよびPAAmであったが，各高分子の分子量などが重要で，ここではこれら3種類の高分子について数種類を使用するのでおのおのの高分子の略号の後に斜字でNおよびMを示して，差別化している。

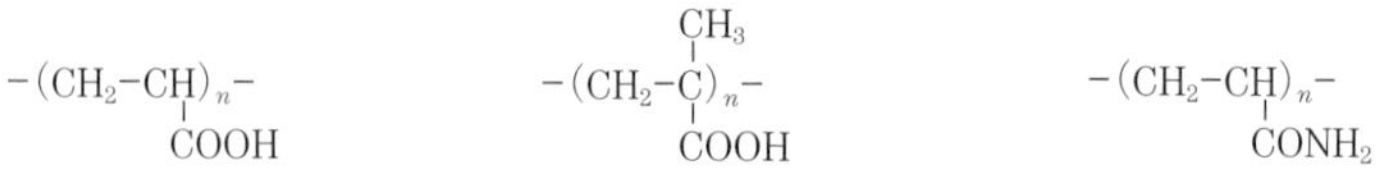

$$-(CH_2-CH)_n-$$
$$\qquad\qquad |$$
$$\qquad\quad COOH$$

$$\qquad\qquad\qquad CH_3$$
$$\qquad\qquad\qquad |$$
$$-(CH_2-C)_n-$$
$$\qquad\qquad |$$
$$\qquad\quad COOH$$

$$-(CH_2-CH)_n-$$
$$\qquad\qquad |$$
$$\qquad\quad CONH_2$$

ポリアクリル酸
（PAAN）

ポリメタクリル酸
（PMAAN）

ポリアクリルアミド
（PAAmM）

図 7.1　高分子の構造 [82]

表 7.1　各高分子の数平均分子量 [82]

高分子		M_n	参考文献
PAAN	$N=1$	1.0×10^4	82)
	2	5.0×10^3	〃
	3	2.5×10^3	〃
PMAAN	$N=1$	1.0×10^4	81)
	2	5.0×10^3	〃
	3	2.5×10^3	〃
PAAmM	$M=1$	5.0×10^3	81)
	2	2.5×10^3	〃

7.1　コンプレックスの形成確認

　まず，コンプレックスの形成確認について述べる。LC 水および HC 水条件における本 PPC の腐食抑制効果など（後述）について，PAAN と PAAmM の混合比が非常に重要となる。ここで，本実験条件における腐食，スケールおよび錆形成の抑制効果をまとめると**表 7.2**[79]のようになる。

　特に，PAAN と PAAmM の混合系において PAAN/PAAmM（添加モル比）＝1/1 の場合では，本実験での他の高分子系に比べて効果的な抑制効果を示している。これより，前述した PPC の確認として，**高分子混合比と腐食速度**および**高分子混合比と粘度**の関係を，おのおの，**図 7.2**[79]および**図 7.3**[79]に示す。

　図 7.2 から組成比（[PAAN]／｛[PAAN]＋[PAAmM]｝）（添加モル比）＝0.5，すなわち，PAAN/PAAmM（添加モル比）＝1/1 のとき，どの添加濃度よりも腐食速度が小さく，極小となっている。また，実際に PPC の形成確認の指標

表7.2 LC水およびHC水条件における腐食，スケール分散および錯形成の抑制効果についての比較（LC水の場合はスケールはないので省略）[79]

高分子	抑制剤の効果[*1]				
	LC 水		HC 水		
	腐食	錯形成	腐食	スケール分散	錯形成
PAA	＋＋	－	＋＋	－	－
PAAm	－	－	－	－	－
$(PAA/PAAm)_c$[*2]	＋＋	＋＋	＋＋	＋＋	＋＋
$P(AA/AAm)$[*3]	＋＋	＋	＋＋	＋＋	＋

*1 ＋＋：高い抑制，＋：抑制，－：非抑制
*2 PPCは，（ ／ ）$_c$と示す
*3 参考データ：文献67）

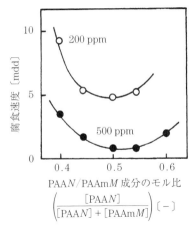

図7.2 HC水，攪拌下，室温における軟鋼の腐食速度とPAAN/PAAmM成分のモル比の比較[79]

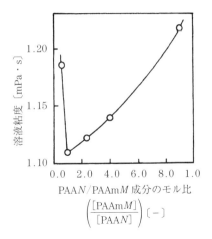

図7.3 溶液粘度とPAAN/PAAmM成分のモル比の関係[79]

の一つとなる粘度測定の結果より，PAANとPAAmMの各種混合系において，PAAN/PAAmM（添加モル比）＝1/1近傍で粘度の極小値を示している。本系と同様な水素結合によりPPCを形成するポリメタクリル酸とポリエチレングリコールの希薄溶液においても同様の結果が報告されている[78),83)]。

このようなPPC溶液の**粘度測定**ではPPC形成の有無によるコンホメーショ

ン変化なども生じるために一般的な高分子溶液のそれらと必ずしも完全な比較はできず，この場合，PPC を最も多く形成する両高分子の単位モル比が1の場合に溶液中の見かけの高分子濃度が最小となるので粘度も極小となり，その前後では PPC を形成しない過剰の PAAN と PAAmM の影響により粘度が増加するものと考える。いずれにせよ，文献 78)，83) と同様に，粘度測定の結果より，PAAN と PAAmM による PPC 形成が確認されている。

さらに，より詳細な PPC 形成の確認として，粘度測定および FT–IR/ATR 測定によって PMAAN と PAAmM における PPC 形成の確認がされている[80]。

各種組成での PMAAN と PAAmM を混合添加した溶液の粘度測定の結果を**図 7.4**[80] に示す。なお，横軸は高分子の単量体単位のモル比（[AAm]/[MAA]）で示してある。どの PMAAN/PAAmM 添加系においても，[AAm]/[MAA]＝0 の場合に粘度は極大となり，[AAm]の増加（[AAm]/[MAA]＜1）とともに粘度は減少し，[AAm]/[MAA]＝1 で粘度は極小となる。さらに

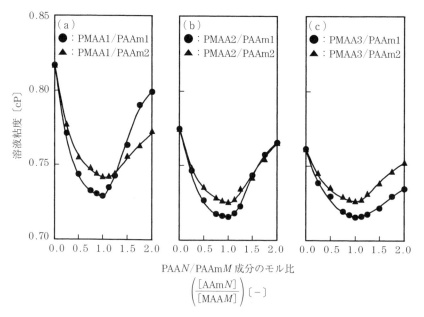

図 7.4　PMAAN および PAAmM の混合における粘度と単量体モル比の関係[80]

[AAm]の増加（[AAm]/[MAA]＞1）とともに粘度は増加している。PMAA*N*
と PAAm*M* の混合添加系においても，粘度が[AAm]/[MAA]＝1 で最小値を示
すのは，PMAA*N* と PAAm*M* の間に相互作用が生じるためである。なお，この
ような現象は，PAA*N*（ポリアクリル酸）と PAAm*M* についても同様である。

図7.5[80]に各種高分子溶液での **FT–IR/ATR（溶液セル使用）測定**の結果を
示す。PMAA*N* および PAAm*M* の単独系スペクトル（図中 a および図中 b）で
は，おのおの，カルボキシル基（COOH 基）およびアミド基（CONH$_2$ 基）の
各部位に基づいた伸縮振動の吸収が文献値[25]と同様に得られている。PMAA*N*
/PAAm*M* 混合添加系（図中 c）のスペクトルでは PMAA*N* 単独系のスペクト
ルの影響を強く受けている結果となっているが，COOH 基の C＝O 伸縮振動
（$\nu_{C=O}$）に基づく吸収は PMAA*N* 単独系のそれに比べて 33 cm^{-1} も低端数側に
移行している。一般に，COOH 基の IR スペクトルでは，水素結合により C＝
O 結合の二重結合性が弱まると C と O の間の原子間距離が離れて $\nu_{C=O}$ の吸収
が低端数側に移行する[84),85)]。すなわち，PMAA*N* と PAAm*M* の間の相互作用
は，おもに，**水素結合**によるものと考えられる。

これらより，PMAA*N*/PAAm*M* 混合系において，COOH 基と CONH$_2$ 基の相

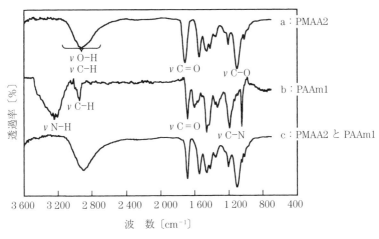

図7.5 高分子溶液の FT–IR/ATR スペクトル[80]

互作用力が最も顕著となる［AAm］／［MAA］＝1で粘度が最小値を示すことおよび FT-IR／ATR 測定より COOH 基と $CONH_2$ 基の間に水素結合が生じていることより，PMAAN と PAAmM が**図 7.6**[80)]に示すような PPC を形成していることを確認している。

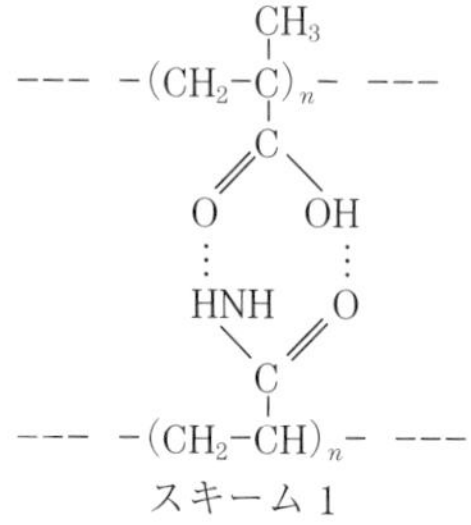

スキーム 1

図 7.6　PPC の形成の模式図 [80)]

7.2　腐食重量減試験および吸着試験

つぎに，腐食重量減試験，物理化学的測定の一つである吸着試験の結果を水質別に述べる。

7.2.1　LC 水条件の場合

図 7.7[79)]に LC 水条件における**腐食重量減試験**の結果を示す。単独系である PAAN 系では，少量添加により腐食速度は急激に低下して 100 ppm 以下の添加濃度で高い腐食抑制効果が見られるが，それ以上の添加では添加濃度の上昇とともに腐食速度が増加して抑制効果が低下する傾向となる。これは，高分子中のカルボキシル基が素地金属と錯形成を行い，金属の溶解反応を促進したものと考えられる [67),68)]。

また，PAAmM では添加濃度にかかわらず，まったく腐食を抑制しない傾向である。PAAN では高分子中のカルボキシル基が鋼板表面に吸着して腐食を抑制するが，PAAmM は吸着基であるカルボキシル基を持たないため腐食抑制効

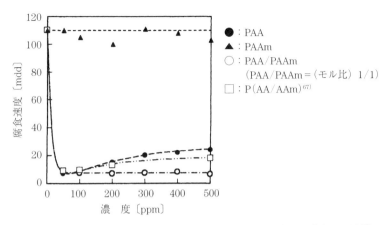

図 7.7 LC 水中，攪拌条件，室温での軟鋼の腐食速度と高分子濃度の関係[79]

果がない。PAAN と PAAmM の混合（PAAN/PAAmM，PAAN/PAAmM（添加モル比）＝1/1）では，少量添加において腐食速度は急激に低下し，さらなる 50 ppm 以上の添加においても低い腐食速度を示して，ほぼ全添加濃度（50 〜 500 ppm）において効果的な抑制効果が見られる。PAAN と PAAmM の添加モル比を変化させた場合では，腐食挙動に変化が生じている。

　例えば，PAAmM の添加量を 220 ppm で一定として PAAN の添加濃度のみを変化させた場合，PAAN の添加濃度 200 〜 300 ppm 付近までは，上述した PAAN/PAAmM（添加モル比）＝1/1 の系と同様な効果的な腐食抑制効果が見られたが，さらなる PAAN の高濃度の添加（PAA が大過剰）では，PAAN 単独系と同様な腐食速度の増加が見られている。また，図 7.7[79] に示す参照試料であるアクリル酸とアクリルアミドの二元共重合体では腐食抑制効果が生じるものの，高添加濃度での腐食速度の増加も見られている[67]。

　さらに，前章および文献 79）において，LC 水条件においては吸着皮膜による腐食抑制が明確となっているので，それらの相関を確認することも含めて，腐食重量減試験と吸着試験を考慮した結果として，**図 7.8**[80]**に腐食重量減試験**および吸着試験の結果を示す。

　この PPC 系および PMAAN 単独系においても添加濃度の増加とともに軟鋼

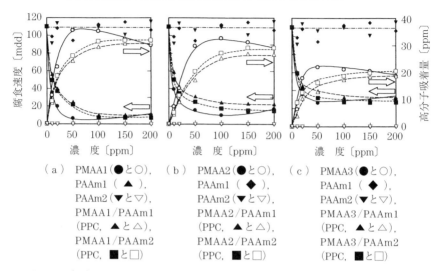

（a）　PMAA1（●と○），
　　　PAAm1（▲），
　　　PAAm2（▼と▽），
　　　PMAA1／PAAm1
　　　（PPC，▲と△），
　　　PMAA1／PAAm2
　　　（PPC，■と□）

（b）　PMAA2（●と○），
　　　PAAm1（◆），
　　　PAAm2（▼と▽），
　　　PMAA2／PAAm1
　　　（PPC，▲と△），
　　　PMAA2／PAAm2
　　　（PPC，■と□）

（c）　PMAA3（●と○），
　　　PAAm1（◆），
　　　PAAm2（▼と▽），
　　　PMAA3／PAAm1
　　　（PPC，▲と△），
　　　PMAA3／PAAm2
　　　（PPC，■と□）

図7.8　各種のPPCと高分子を含むLC水での高分子濃度と軟鋼の腐食速度の関係（黒色プロット）および高分子濃度と高分子吸着量の関係（白色プロット）[80]

の腐食速度は減少し，高分子の吸着量は増加する傾向である。一方，COOH基を持たないPAAmM単独系では腐食速度は無添加系（ブランク）と変わらず，吸着量は全添加濃度においてほぼ0 ppmである。これより，腐食抑制は高分子のCOOH基の吸着によるものである。また，PMAAN単独系では前述した錯形成により高濃度添加時において腐食速度は上昇し，吸着量も低下する傾向が見られるが，PPC系では腐食速度の上昇や吸着量の低下はなく，広い添加濃度範囲で良好に腐食を抑制する。これより，PPC形成に起因する高分子間の水素結合によってCOOH基に基づく錯形成は制御される。

　さらに，**図7.9**[80]にLC水条件における腐食速度と吸着量の関係を示す。この図より腐食速度と吸着量には直線関係があり，最小二乗法から得られた回帰曲線の相関係数（|r|）は0.898となる。したがって，これらの関係には良い相関関係があり，高分子中のCOOH基の吸着により腐食を抑制する。また，本系において，「短時間の吸着量の試験より腐食速度の予測が可能である」ことが示唆される。

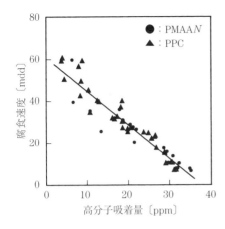

図 **7.9**　軟鋼の腐食速度と図 7.8 のデータから求められる高分子吸着量の関係[80]

7.2.2　HC 水条件の場合

図 7.10[79] に HC 水条件における腐食重量減試験の結果を示す。単独系の PAA*N* では，PAA*N* 10 〜 20 ppm 添加での急激な腐食速度の低下，50 ppm 添加での急激な腐食速度の増加，さらに，それ以上の添加による穏やかな腐食速度の減少とその後の上昇というような鋼板上のスケール層の破壊とその分散による腐食抑制効果の低減[63),66)~69)]および鉄イオンの錯形成による腐食抑制効果の低下[67),68)]が生じている。PAAm*M* では，LC 水条件と同様に，全添加濃度範

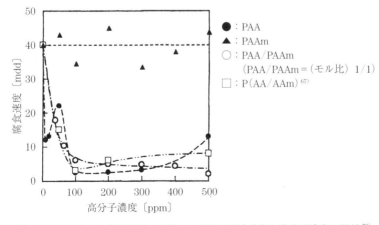

図 **7.10**　HC 水中，攪拌条件，室温での軟鋼の腐食速度と高分子濃度の関係[79]

囲において腐食抑制の傾向を示さない。しかし，混合系である PAAN/
PAAmM（PAA/PAAm（添加モル比）=1/1）では，LC 水条件と同様に，少量
添加において腐食速度は急激に低下し，さらなる添加においても低い腐食速度
を示している。PAAN と PAAmM の添加モル比を変化させた場合でも，LC 水
条件と類似な傾向を示している。参照試料である共重合体系でも，LC 水条件
と同様に，腐食抑制効果が生じ，高濃度添加で腐食速度の増加も見られる[67]。

　前章および文献 79）において，HC 水条件においての腐食抑制明確が明確に
なっているので，ここでは，それらの相関を確認することも含めて，腐食重量
減試験と吸着試験およびスケール析出試験を考慮した結果としてまとめる。

　図 7.11[80]に示すように，PMAAN 単独系で高濃度添加時にスケール分散や
錯形成に起因する腐食速度の上昇が見られるが，PPC 系では広い添加濃度範
囲で良好に腐食を抑制している。しかし，低濃度（10 ～ 20 ppm）添加時から
腐食速度は最小となるが，吸着量は 100 ppm 前後で最大となる。前述したよ
うに，HC 水条件では鋼板表面にスケールが堆積し，スケール自体も腐食を抑
制するので，HC 水条件における腐食速度は LC 水条件でのそれと異なり，高
分子の吸着量のみで予測できない。

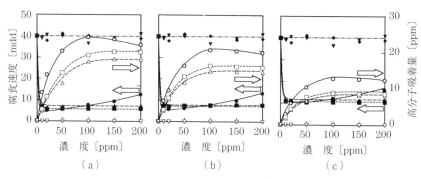

図 7.11　PPC および高分子含有の HC 水での高分子濃度と軟鋼の腐食速度（黒色プロット）
　　　　および高分子吸着量（白色プロット）の関係（他の条件は，図 7.8 と同様）[80]

　つぎに，**図 7.12**[80]にスケール析出試験の結果を示す。COOH 基を持たない
PAAmM 単独系ではまったくスケールを分散しないが，PPC 系や PMAAN 単

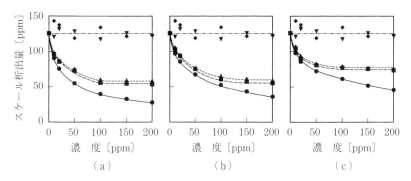

図7.12 HC水での高分子濃度とスケール析出量との関係（他の条件は，図7.8と同様）[80]

独系では添加濃度の増加に伴いスケール析出量は減少する。これより，スケール分散は高分子のCOOH基による。また，PPC系では析出量が一定となる傾向は，高分子間の水素結合によりCOOH基の効果が制御されていると考えられる。

図7.13[80]にHC水条件における腐食速度と吸着量の関係を示す。これから$|r|$は0.117となり，これらの関係にまったく相関がないことがわかる。

したがって，HC水条件では高分子の吸着量以外に腐食抑制に影響を及ぼすパラメータが必要であり，前述のようにスケール析出量も腐食抑制の一つのパラメータになり得るので，<u>高分子の吸着量にスケール析出量を加算した見かけの吸着量</u>を定義する（式（7.1））。

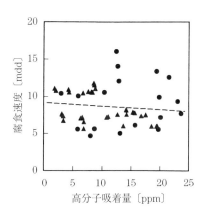

図7.13 軟鋼の腐食速度と図7.11のデータより求められる高分子吸着量の関係（他の条件は，図7.9と同様）[80]

見かけの吸着量〔ppm〕＝高分子吸着量〔ppm〕

$$+A×スケール析出量〔ppm〕 \qquad (7.1)$$

ここで A は係数（スケールが有効に腐食を抑制する割合）であり，腐食速度と見かけの吸着量の関係に最も相関が得られるような A 値を検討する。

図 7.14[80] から $A=0.308$ において $|r|$ は 0.866 の最大値となり，腐食速度と式（7.1）で $A=0.308$ となる見かけの吸着量の関係を**図 7.15**[80] に示す。

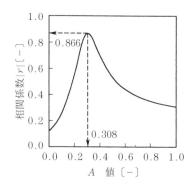

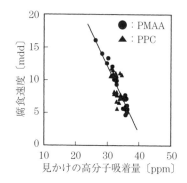

図7.14　定義されたパラメータ A 値　　　**図7.15**　軟鋼の腐食速度と見かけの
　　　　　と相関係数 $|r|$ の関係[80]　　　　　　　　　　　高分子量吸着量の関係[80]

HC 水条件では高分子とスケールが相加的に腐食を抑制し，吸着試験とスケール析出試験の結果から腐食速度を予測できると考えられる。

さらに詳細な検討として，**図 7.16**[81),82) に**腐食重量減試験**，**高分子吸着量試験**および**スケール析出試験**を合わせて示す。まず，図（a）に示す腐食重量減試験において，PAАmM の単独系では，腐食速度は高分子の添加濃度によらず無添加系（ブランク）のそれと同じであり，腐食抑制の効果は見られない。PAAN 単独系では，腐食速度は添加濃度の増加に伴って減少するが，添加濃度数 10 ppm 付近でのスケール分散および 150 ppm 以降での錯形成に基づくと考えられる腐食速度の上昇が生じている。一方，（PAAN/PAАmM)$_\mathrm{C}$ 系（PPC 系）での腐食速度は，添加濃度の増加に伴って減少し，上記のような腐食速度の上昇は生じていない。

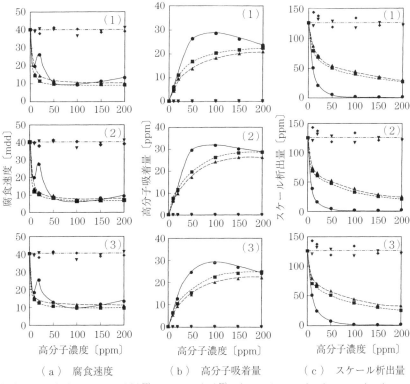

図7.16　PPC および高分子添加における HC 水条件における高分子濃度と軟鋼の
腐食速度，高分子吸着量およびスケール析出量の関係[81),82)]

（1）PAA1（●），PAAm1（◆）[80)]，PAAm2（▼）[80)]，（PAA1/PAAm1）$_C$（PPC，▲），（PAA1/
　　PAAm2）$_C$（PPC，■）
（2）PAA2（●），PAAm1（◆）[80)]，PAAm2（▼）[80)]，（PAA2/PAAm1）$_C$（PPC，▲），（PAA2/
　　PAAm2）$_C$（PPC，■）
（3）PAA3（●），PAAm1（◆）[80)]，PAAm2（▼）[80)]，（PAA3/PAAm1）$_C$（PPC，▲），（PAA3/
　　PAAm2）$_C$（PPC，■）

（a）　腐食速度　　　　（b）　高分子吸着量　　　（c）　スケール析出量

図（b）には HC 水条件における吸着試験の結果を示す。COOH 基を持たな
い PAAmM 単独系では，高分子吸着量は添加濃度によらず無添加系（ブラン
ク）のそれと同じである。PAAN 単独系での吸着量は，添加濃度の増加に伴っ
て増加し，さらに極大値を示し，その後やや減少する。一方，（PAAN/
PAAmM）$_C$ 系での吸着量は，添加濃度の増加に伴って増加しているが，PAAN

単独系での吸着量のような挙動は示していない。これより，HC 水条件におい
て腐食速度と高分子吸着量の間にやや対応が見られる。文献 63)，66) で報告
しているように，HC 水条件では鋼板表面にスケールが堆積し，スケール自体
も腐食を抑制するので，HC 水条件における軟鋼の腐食速度は高分子の吸着量
のみで予測できないものと考えられる。

　また，図（c）にはスケール析出量の結果を示す。COOH 基を持たない
PAAmM 単独系ではまったくスケールを分散しない。PAAN 単独系では，添加
濃度の増加に伴いスケール析出量は減少し，最終的にスケール析出量は 0 に近
い値を示す。一方，(PAAN/PAAmM)$_c$ 系でのスケール析出量は，添加濃度の
増加に伴い減少するが，PAAN 単独系のようなほぼ 0 ppm までの減少は示さ
ない。これらより，HC 水条件における腐食速度，高分子吸着量およびスケー
ル析出量には関連が見られる。

　さらに，図 7.16 のデータを基に文献 80) を参考に，HC 水条件における腐
食速度，高分子吸着量とスケール析出量間の解析が行われている（図 **7.17**[81]，
[82]）。図（a）に腐食速度と高分子吸着量の関係を示す。この図より腐食速度
と吸着量には直線関係があまりなく，最小二乗法から得られた回帰曲線の相関
係数（$|r|$）は 0.633 となる。

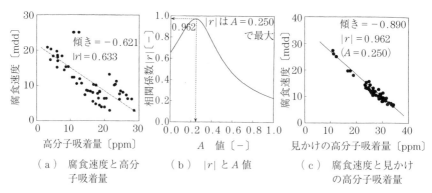

（a）　腐食速度と高分　　　（b）　$|r|$ と A 値　　　（c）　腐食速度と見かけ
　　　子吸着量　　　　　　　　　　　　　　　　　　　　　　の高分子吸着量

図 7.17　PPC および高分子含有の HC 水における軟鋼の腐食速度と図 7.16[81]，[82]のデータよ
　　　　り得られる高分子吸着量，相関係数（$|r|$）と定義されたパラメータ A 値および軟
　　　　鋼の腐食速度と見かけの高分子吸着量の，それぞれの関係[81]，[82]

したがって，HC 水条件では吸着量以外に腐食抑制に影響を及ぼすパラメータが必要であり，前述のようにスケール析出量も腐食抑制の一つのパラメータになり得るので，高分子吸着量にスケール析出量を加算した見かけの吸着量を定義する（式（7.1））。ここで，腐食速度と見かけの吸着量の関係に最も相関が得られるような A 値を検討する。図（b）から $A=0.250$ において $|r|$ は 0.962 の最大値となり，腐食速度と式（7.1）で $A=0.250$ となる見かけの吸着の関係を図（c）に示す。これより，腐食速度と見かけの吸着量の間に良い相関が見られ，文献 80) の $(PMAAN/PAAmM)_C$ 系の結果と同様に，HC 水条件では高分子とスケールが相加的に腐食を抑制し，吸着試験とスケール析出試験の結果から腐食速度を予測しなければならない。

【HC 水条件での一考察】

上記の結果のさらなる検討として

① スケールを含まない HC 水条件

② カルシウムイオン（Ca^{2+}）濃度を変化させた HC 水条件

の二つの条件で上記と同様に試験を行うことにする（**図 7.18**[82)]）。図（a）に ① の条件での腐食重量減試験の結果を示す。

PAAN 単独系で高添加濃度において錯形成による腐食速度の若干の上昇はあったものの，$(PAAN/PAAmM)_C$ 系および PAAN 単独系のどちらの系においても添加濃度の増加とともに腐食速度は減少している。

また，図（b）に HC 水条件での吸着試験の結果を示す。$(PAAN/PAAmM)_C$ 系および PAAN 単独系で，添加濃度の増加とともに高分子吸着量は増加している。本条件での添加濃度に対する腐食速度および吸着量の関係は，LC 水条件でのそれと類似している。図 7.18 のデータより，HC 水条件での $(PAAN/PAAmM)_C$ 系および PAAN 単独系での腐食速度と吸着量の関係を求める（**図 7.19**[82)]）。

$|r|$ は 0.923 となり，良い相関が得られている。また，同様な HC 水条件での $(PAAN/PAAmM)_C$ 系および PAAN 単独系での腐食速度と吸着量の関係も

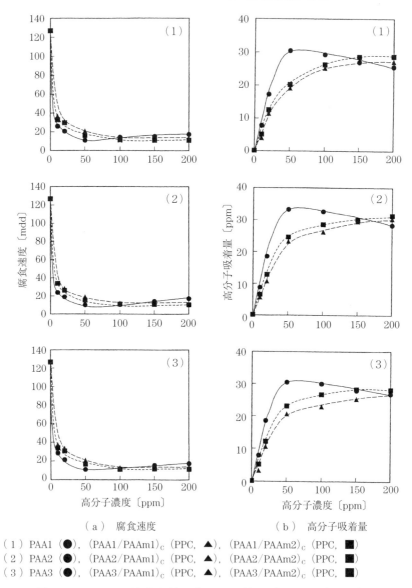

（a） 腐食速度　　　　　　　　　（b） 高分子吸着量

（1） PAA1 （●）, （PAA1/PAAm1）$_C$ （PPC, ▲）, （PAA1/PAAm2）$_C$ （PPC, ■）
（2） PAA2 （●）, （PAA2/PAAm1）$_C$ （PPC, ▲）, （PAA2/PAAm2）$_C$ （PPC, ■）
（3） PAA3 （●）, （PAA3/PAAm1）$_C$ （PPC, ▲）, （PAA3/PAAm2）$_C$ （PPC, ■）

図 7.18　PPC および高分子添加の非スケール性 HC 水における高分子濃度と
　　　　軟鋼の腐食速度および高分子吸着量の関係[82]

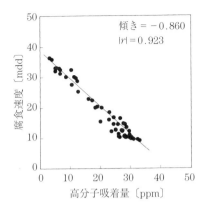

図7.19 PPCおよび高分子添加の非スケール性HC水条件における軟鋼の腐食速度と図7.18[82]のデータより求められる高分子吸着量の関係[82]

良い相関が得られている（$|r| = 0.968$）。すなわち，本実験より，HC水条件における正味の「腐食速度と高分子吸着量の関係」が求められる。

つぎに，②の「Ca^{2+}濃度を変化させたHC水条件」での腐食重量減試験およびスケール析出試験の結果を，おのおの，**図7.20**[82]（a）および図（b）に示す。

Ca^{2+}濃度の増加とともに，腐食速度は直線的に減少し，スケール析出量は増加している。これらの結果より，本水条件における腐食速度とスケール析出

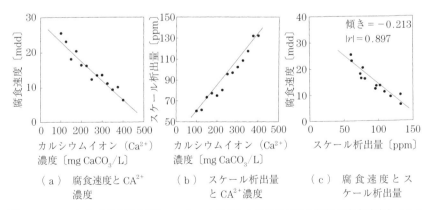

（a）腐食速度とCA^{2+}濃度　（b）スケール析出量とCA^{2+}濃度　（c）腐食速度とスケール析出量

図7.20 PPCおよび高分子非添加のスケール性HC水条件における軟鋼の腐食速度とカルシウムイオン（Ca^{2+}）濃度，スケール析出量とCa^{2+}濃度および軟鋼の腐食速度とスケール析出量の，それぞれの関係[82]

量の関係（図（c））は良い相関を示している（|r|＝897）。すなわち，本実験より，HC水条件における正味の「腐食速度とスケール析出量の関係」が求められる。

（PAAN/PAAmM)$_C$系およびPAAN単独系において，図7.19［①条件での正味の「腐食速度と高分子吸着量の関係」］と図7.20（c）［②条件での正味の「腐食速度とスケール析出量の関係」］をまとめると**図7.21**[82]（a）のような**二つの相関関係**が得られる。

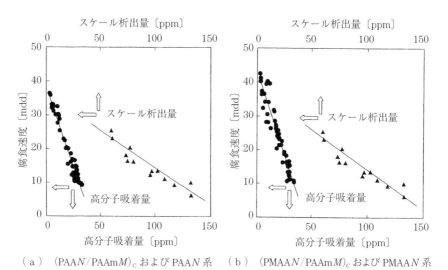

（a）（PAAN/PAAmM)$_C$およびPAAN系　（b）（PMAAN/PAAmM)$_C$およびPMAAN系

図7.21 PPCおよび高分子含有HC水条件での軟鋼の腐食速度と高分子吸着量およびスケール析出量の，それぞれの関係[82]

例えば，図7.21より腐食速度を20 mddとするには，高分子吸着量で18 ppmおよびスケール析出量で71 ppm必要となる。すなわち，本系での二つの相関関係より高分子吸着量とスケール析出量の腐食抑制能の割合はおよそ1：0.25となる。本割合は前述した式（7.1）での係数A値「$A = 0.25$」に対応している。

また同様に，（PAAN/PAAmM)$_C$系およびPAAN単独系での二つの相関関係は図7.21（b）に示すようになり，高分子吸着量とスケール析出量の腐食抑

制能の割合はおよそ 1：0.31 となって，文献 21）での係数 A 値（$A = 0.308$）
に対応している。これらは，HC 水条件での式（7.1）での係数 A の物理的意
味（スケールが有効に腐食を抑制する割合）を裏付ける結果となる。いずれに
せよ，HC 水条件での腐食速度と高分子吸着量とスケール析出量に依存し，腐
食速度と式（7.1）より得られる見かけの吸着量の間に相関が見られることを
裏付けている。さらに，これらの結果は，本実験条件における腐食速度を長時
間の腐食重量減試験ではなく，短時間の吸着試験およびスケール析出試験より
見積もれる可能性を示唆している。

7.3 電気化学的測定，物理化学的測定および表面分析

　以上の結果を裏付けるためにも，電気化学的測定，物理化学的測定および表
面分析を水質別に述べる。

7.3.1 LC 水条件の場合

　電気化学的測定については，以下のように検討している。LC 水条件におけ
る**分極曲線**の結果（**図 7.22**[79]）より，PAAmM では，ブランク（高分子無添
加）と同様な腐食電位，腐食電流密度およびアノード・カソード両電流密度と
なって腐食抑制能傾向が見られないが，単独系の PAAN，PPC 系の（PAAN/
PAAmM）$_C$ および共重合体系では，ブランクに比較して腐食電位の貴な電位方
向への移行，腐食電流密度の低下およびアノード電流密度の低下が生じている。

　また，**自然電位の経時測定**（**図 7.23**[79]）において，PAAmM ではブランク
と同様腐食に基づく自然電位の卑な電位方向への移行が見られ，PAAN，
PAAN/PAAmM および P(AAN/AAmM)$_C$ ではブランクと異なり，分極曲線に
対応するアノード反応の低下に基づく貴な電位方向の移行が見られる。これら
の腐食抑制を示す結果は，上述した腐食重量減試験での腐食速度の低下する結
果と対応するものである。したがって，PAAmM は腐食抑制効果を持たず，
PAAN，PAAN/PAAmM および P(AAN/AAmM)$_C$ は高分子吸着による（アノー

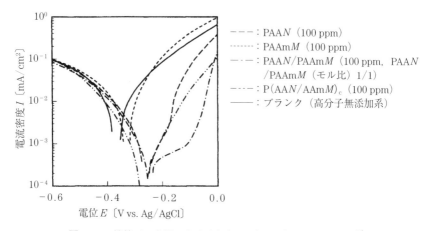

図7.22 撹拌下，室温，高分子含有 LC 水での軟鋼の分極曲線[79)]

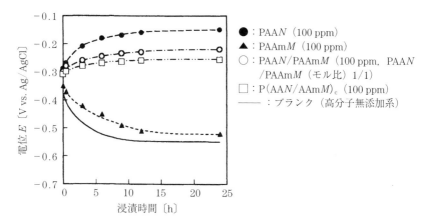

図7.23 撹拌下，室温，高分子含有 LC 水での軟鋼の自然電位の経時測定[79)]

ド抑制型の）腐食抑制効果を示している。

表面分析として，**SEM 観察**および XPS 測定を行っている。**図7.24**[80)] に LC
水条件における鋼板表面の SEM 写真を示す。浸漬前の SEM 写真では前処理と
して行ったエメリー紙研磨の研磨傷のみが見られるが（図（a）），高分子無添
加系（ブランク）および PAAm*M* 単独系では鋼板全面が腐食している（図

（a）　LC 水浸漬前

（b）　PPC 非含有 LC 水浸漬後

（c）　PPC 含有 LC 水浸漬後

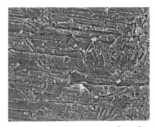
（d）　PMAA*N* 含有
　　　LC 水浸漬後

10 μm

図7.24　LC 水に浸漬前および PPC 非含有と含有および PMAA*N* 含有（鉄−高分子複合体形
成した部分）の LC 水に浸漬後における軟鋼表面の SEM 写真[80]

（b））。PPC 系および PMAA*N* 単独系では浸漬前とほぼ同様の状態であり（図
（c）），腐食の進行が見られない。ただし，PMAA*N* 単独系の高濃度添加時に
おいては錯形成による腐食が見られ（図（d）），腐食重量減試験の結果と対応
している。

　XPS 測定に結果を**図7.25**[80]に示す。C_{1s} スペクトルにおいて各系とも最表層
において CH_2 基に対応するピーク[73]が見られ，これは試料表面汚染によ
る[86]。そこで本研究では，最表層を疑似的環境として考察し，弱いエッチン
グ後では Fe^0 に基づくピーク[73]がわずかしか見られないが（図（a）），PPC
系では浸漬前と同様に強い Fe^0 に基づくピークが見られて（図（b）および図
（c）），腐食が抑制されている。また，PPC 系ではカルボニル（C＝O）基に起
因するピーク[73]も見られ（図（b）），鋼板表面に COOH 基の存在が確認でき
る。

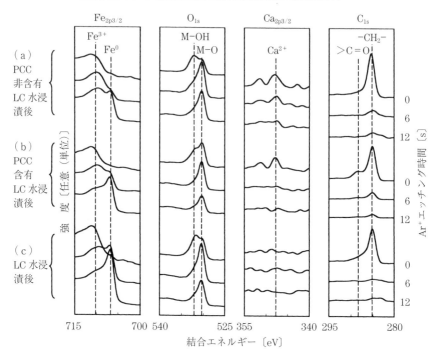

図 7.25　PPC の非含有および含有 LC 水に浸漬後および浸漬前の
軟鋼表面の XPS スペクトル [80]

7.3.2　HC 水条件の場合

HC 水条件における**分極曲線**の結果（**図 7.26**[79]）として，単独系である
PAAmM では，ブランクと類似な腐食電流密度およびアノード・カソード両電
流密度となり，腐食抑制能傾向が見られない。しかし，単独系の PAAN，
(PAAN/PAAmM)$_C$ および共重合体では，ブランクに比較して腐食電流密度の
低下およびアノード・カソード両電流密度の低下が生じている。

また，**自然電位の経時測定**（**図 7.27**[79]）より，PAAmM ではブランクと同
様な腐食に基づく自然電位の卑な電位方向への移行が見られる。PAAN，(PAAN
/PAAmM)$_C$ および共重合体では，ブランクと異なり，分極曲線に見られるよ
うにアノード・カソードの両電流密度の低下はあるもののカソード反応に比べ

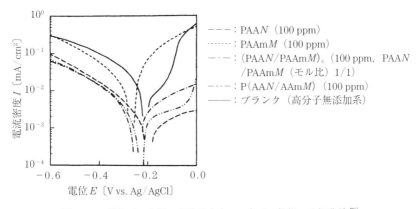

図 7.26 撹拌下，室温，高分子含有 HC 水での軟鋼の分極曲線[79]

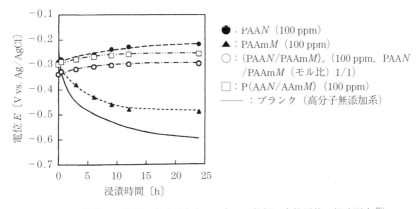

図 7.27 撹拌下，室温，高分子含有 HC 水での軟鋼の自然電位の経時測定[79]

てアノード反応が低下していることに基づく若干の貴な電位方向への移行が見られる。これらより，PAAm*M* は腐食抑制効果を持たず，PAA*N*，（PAA*N*/PAAm*M*）$_c$ および共重合体はスケール堆積や高分子吸着を含んだ混合した腐食抑制効果を示すと考えられる。

図 7.28[80] に HC 水条件における鋼板表面の **SEM 写真** および EPMA による表面分析の結果を示す。ブランクおよび PAAm*M* 単独系では SEM 写真よりスケールの堆積が確認されている（図（a））。EPMA より堆積物の主成分は炭酸カルシウムである。PPC 系や PMAA*N* 単独系の 50 ppm 添加系ではスケールの

SEM

EPMA-FeKα EPMA-CaKα

EPMA-CKα EPMA-OKα

（a） PPC 非含有（ブランク）

（b） 50 ppm PCC 含有（SEM）

20 μm

（c） 200 ppm PCC 含有（SEM）

図 7.28　PPC 非含有および含有の HC 水に浸漬後の SEM 写真および
　　　　EPMA の 2 次元データ（表面にある原子の分布状態）[80]

析出物が見られるがブランクの場合と比べて析出量は抑えられており（図（ b ）），高分子の COOH 基によるスケール分散効果が確認される。さらに，200 ppm 添加系ではスケール粒子はさらに小さくなっている（図（ c ））。

　また，**図 7.29**[80]に HC 水条件における鋼板表面の **XPS 測定**結果を示す。LC 水条件と同様にブランクではエッチング後でも Fe^0 に基づくピークがわずかしか見られないが，PPC 系では浸漬前と同様に強い Fe^0 に基づくピークが見られて，腐食が抑制されている。また，PPC 系では C＝O 基に起因するピークが見られ，鋼板表面に COOH 基の存在が確認できる。さらに，PPC 系およびブランクともに Ca^{2+} および CO_3^{2-} に基づくピーク[27]が見られ，スケールの存在が確認できる。

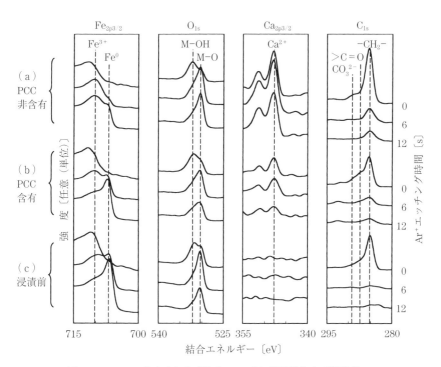

図 7.29 PPC の非含有および含有，HC 水に浸漬後および浸漬前の軟鋼表面の XPS スペクトル[80]

以上より，本節で検討した PPC 系は PAA および PMAA の単独系で問題となっている錯形成やスケール分散の制御を可能とし，冷却水系における腐食抑制剤として有効であることが示唆される。

7.4 高分子間コンプレックス（PPC）系腐食抑制剤の腐食抑制能

本章では，水誘導装置系である冷却水系における水処理剤としてポリアクリル酸（PAAN）あるいはポリメタクリル酸（PMAAN）とポリアクリルアミド（PAAmM）系の高分子間コンプレックス（PPC：(PAAN/PAAmM)$_C$ および P(PMAAN/PAAmM)$_C$）を合成し，その軟鋼の腐食に対するさまざまな効果を各種試験の結果から検討してきた。それらの結論として，以下のようなことがいえる。

（1）粘度測定および FT-IR/ATR 測定より，(PAAN/PAAmM)$_C$ および P(PMAAN/PAAmM)$_C$ より成る PPC の形成を確認し，単量体単位のモル比 AA または MAA/AAm＝1/1 のときに最も効果的な PPC となることが示されている。

（2）LC および HC の両条件において，PPC 系は高分子間の水素結合によって PAAN および PMAAN 単独系の錯形成およびスケール分散を制御し，幅広い添加濃度において高い腐食抑制効果を示している。

（3）LC 水条件では PAA および PMAA の持つカルボキシル基の吸着によって腐食を抑制し，腐食重量減試験および吸着試験の結果には良い相関性が見られている。

（4）HC 水条件では高分子吸着とスケール析出が相加的に腐食を抑制し，腐食重量減試験と吸着試験およびスケール析出試験の結果には良い相関が見られている。

（5）冷却水系における HC 水条件での複雑な腐食抑制挙動の解明のため，PPC 系を用いて腐食速度，高分子吸着量およびスケール析出量の関係を解析したところ，つぎのような結論が得られている。HC 水条件での腐食速度は高分子吸着とスケール析出に依存している。

（6）（5）について，特に，腐食速度と式（7.1）より得られる見かけの吸着量の間に相関が見られることを裏付けている。特に，本式での係数 A の物理的意味（スケールが有効に腐食を抑制する割合）を明確にしている。

（7）（5）および（6）より，本実験条件における腐食速度を長期間の腐食重量減試験ではなく，短期間の吸着試験およびスケール析出試験より見積もれる可能性を示している。

コラム⑭　合成高分子間コンプレックスの誕生

　二次結合を介して形成される（合成）高分子間コンプレックスの研究は，まず① Complexation の取り扱いや理論を確立し，ついで② 高分子にしか見られない特徴（高分子効果）をはっきりさせてゆくことであり，さらには③ 成分高分子のいずれとも性質の違った新材料の誕生につながるものであって，この分野には大きな期待がかけられている。高分子が集合して形成するコンプレックスには関連する報告は従来あまり多くなく，生体機能における複雑なしくみの理解はかなり進んでいるのに，単純で優れたモデルであるはずの合成高分子での，検討や法則化がいたって遅れているようにも感じられる。そこで本書では合成高分子間コンプレックスの生成反応，相互作用の協同性，非平衡状態を利用した構造化などについて紹介することにした次第である。

【参考文献】
　土田英俊，長田義仁：高分子，**22**，7(256)，p.384(1973)

8. 水の安定度指数と腐食抑制剤との関係

腐食抑制剤の添加濃度低減は重要な検討課題の一つであり，このためには現状に即した水質と金属腐食の関係を明確にする必要がある。従来から，各種の水質因子の影響による水の腐食性の指標として，1.3節で示した各種指数が検討されているが[9),13),14),87)~89)]，現在の多様化した水質にこれらの指数が対応するかは疑問である。

そこで本章では，腐食抑制剤の添加濃度低減による**高度な防食システムの構築**のための基礎知見を得るため，水の腐食性の指標である**安定度定数**や軟鋼の腐食速度に及ぼす**シリカや塩化物イオン**のような**水質因子**の影響について検討し，これら水質因子が及ぼす安定度指数と腐食速度の関係（式 (1.4)）への影響について検討する。特に，腐食抑制剤であるポリアクリル酸（PAA）の非添加および添加の場合について評価する。

8.1 安定度指数 〜 水質因子（シリカと塩素イオン）〜 腐食性

8.1.1 試 験 溶 液

本章で腐食性を評価するための試験溶液の水質を**表 8.1**[91),92)]に示す。まず，水の pH，カルシウム硬度（[Ca^{2+}]），M-アルカリ度[90)†]などから求められる

---

† M-アルカリ度は，試料の pH を pH 4.8 まで中和するのに要する酸の量を試料 1 dm³ についての mg 当量で表すか，または，酸に相当する炭酸カルシウム（$CaCO_3$）の量に換算して試料 1 dm³ についての mg で表した値である。M-アルカリ度では水酸化物，炭酸塩，リン酸塩の 2/3 量やケイ酸塩などによるアルカリ分の合量を知ることができる。なお，1989 年の JIS 改正により M-アルカリ度は酸消費量（pH 4.8）と改められた[90)]。

表 8.1　試験水条件 [91), 92)]

pH 〔−〕	6.5	7.0	7.5	8.0
[Ca²⁺]（mg CaCO₃/L）	10	50	80	100
M−アルカリ度（mg CaCO₃/L）	10	25	40	50
安定度指数〔−〕	13.1	10.4	9.1	8.7
[PAA]〔ppm〕	50			
[SiO₂]〔ppm〕	10, 50, 100, 200, 400			
[Cl⁻]〔ppm〕	0, 10, 50, 100, 300, 500			

安定度指数 4 水準の水 [13)] を用意し，それにポリアクリル酸（PAA）50 ppm を添加したものと無添加のものについて，それぞれ文献 13)，93) を参考にシリカ濃度や塩素イオン濃度を変化させて，試験溶液を調製した。なお，本実験において試験前後での溶液の極端な pH 変化はない。

8.1.2　腐食重量減試験

この試験溶液と試験片に軟鋼（SS 400）を用いて，**腐食重量減試験**を行った。

〔1〕　PAA 無添加系

PAA 無添加系の結果を**図 8.1** [91)] に示す。

例えば，**腐食抑制剤 PAA 無添加系**の結果において，安定度指数 ＝ 13.1 の結果（図（a））では，腐食速度はシリカ濃度の増加とともに減少したが，塩素イオン濃度に対して変化しない。このことは，他の安定度指数での結果でも同様であった（図（b）～（d））。すなわち，本実験条件においては，腐食速度は水質因子では塩素イオン濃度よりもシリカ濃度に依存することがわかる。

また，各試験溶液（図（a）～（d））の比較において，安定度指数が小さくなるほど「シリカ濃度 ～ 塩素イオン濃度 ～ 腐食速度」の関係の極面が下方に移行する傾向である。すなわち，水質因子であるシリカ，塩素イオンなどの添加溶液においても安定度指数が小さくなるほど腐食性（腐食速度）が弱くなる

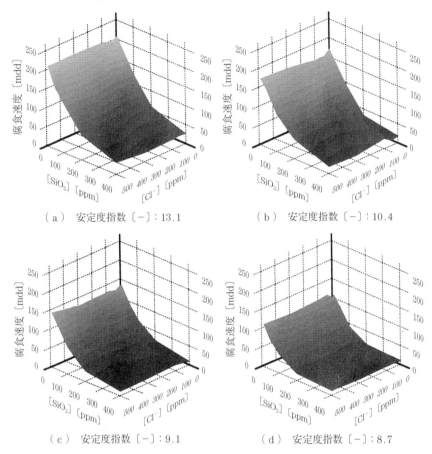

（a）　安定度指数〔−〕：13.1　　　　　　（b）　安定度指数〔−〕：10.4

（c）　安定度指数〔−〕：9.1　　　　　　（d）　安定度指数〔−〕：8.7

図8.1　腐食抑制剤（PAA）を添加していない試験水における各種安定度指数における軟鋼の腐食速度と水質因子の濃度（シリコン濃度（[SiO_2]）および塩素イオン濃度（[Cl^-]））の関係[91]

（小さくなる）。

〔2〕　**PAA添加系**

　PAA添加系の結果を**図8.2**[92]に示す。PAA添加系の結果からも，各安定度指数の試験溶液（表8.1）でのシリカや塩素イオンのような水質因子と軟鋼の腐食速度の関係（「**安定度指数 ～ 水質因子（シリカと塩素イオン）～ 腐食性（腐食速度）**」の関係）を検討しよう。PAA添加系では文献91）の無添加系に

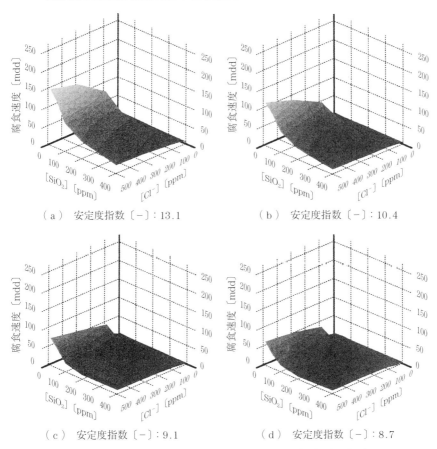

（ a ）　安定度指数〔－〕：13.1

（ b ）　安定度指数〔－〕：10.4

（ c ）　安定度指数〔－〕：9.1

（ d ）　安定度指数〔－〕：8.7

図 8.2　50 ppm PAA 含有試験水での軟鋼の腐食速度と各種安定度指数での
SiO_2 および Cl⁻ のような水質因子の関係[92]

比べて全般的に腐食速度は減少している。例えば，安定度指数＝13.1 の結果
（図（ a ））では，腐食速度はシリカ濃度の増加とともに減少する傾向である。
また，無添加系では塩素イオン濃度によって腐食速度は変化しなかったが，添
加系では塩素イオン濃度の増加とともに腐食速度が増加する傾向を示し，さら
に高いシリカ濃度ほど腐食速度の増加が抑えられている。このことは，他の安
定度指数の結果（図（ b ）～（ d ））でも同様である。すなわち，本実験条件に
おいては，腐食速度はシリカ濃度と塩素イオン濃度に依存することがわかる。

また，各試験溶液の比較において，安定度指数が小さくなるほど「シリカ濃度 ～ 塩素イオン濃度 ～ 腐食速度」の関係の曲面が下方に移行する傾向を示している。すなわち，シリカ，塩素イオンなどの添加溶液においても安定度指数が小さくなるほど腐食性が弱くなることが確認できる。これは，無添加系の場合[91]と同様である。

8.1.3   安定度指数や腐食速度に及ぼすシリカおよび塩素イオンの影響

さらに，上記の**「安定度指数 ～ 水質因子（シリカと塩素イオン）～ 腐食性」の関係**を精査するため，**数値解析**を試みてみよう。以下に，安定度指数や腐食速度に及ぼすシリカおよび塩素イオンの影響をおのおの示す。

〔1〕 PAA（腐食抑制剤）無添加系

（a） **シリカの影響**   安定度指数や腐食速度に及ぼすシリカの影響を検討するため，塩素イオンが存在しない実験条件での検討が行われている。**図8.3**[91]に塩素イオンを含まない溶液での種々のシリカ濃度における安定度指数と腐食速度の関係を示す。図中のプロットおよび実線は，おのおの，実験データおよび数値解析からのカーブフィッティングデータである。どのシリカ濃度

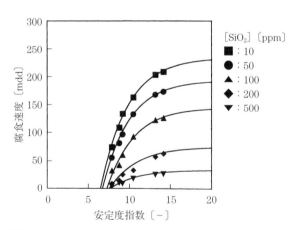

図8.3　塩素イオン（Cl⁻）を含まない，各種シリカ（SiO₂）濃度の水質における
軟鋼の腐食速度と安定度指数の関係[91]

においても，腐食速度は安定度指数とともに増加し，最終的に定常状態（または飽和状態）になる傾向を示している。これは，数学的に**飽和を伴う現象**である。

図8.4[91),92)]に**飽和を伴う現象**の概念図を示す。飽和を伴う現象では，x（横軸）に対するy（縦軸）の変化量をαとし，yがβに収束すると考えると

$$\frac{\mathrm{d}y}{\mathrm{d}x} = -\alpha(y - \beta) \tag{8.1}$$

と表すことができる。この一般解は

$$y = C \exp(-\alpha x) + \beta \qquad (C：積分定数) \tag{8.2}$$

となる。

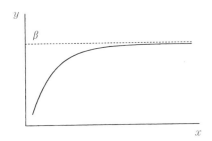

図8.4 飽和を伴う現象の概念図[91),92)]

上述したように本実験条件では安定度指数は6以上の正の値のみとなるので，より解析しやすいように式（8.2）について定数の組合せを変え，安定度指数が陽に表れる形式に式（8.2）を変形すると，式（8.3）となる。

$$y = K_0[1 - K_1 \exp\{-K_2(x - K_3)\}] \tag{8.3}$$

　　（x：安定度指数，y：腐食速度および$K_0 \sim K_3$：定数）

ここで，K_0は腐食速度（y）の飽和値に影響を与える定数，K_1は安定度指数（x）の平衡状態を表す値$x = K_3$における腐食速度（y）を特徴づける定数，K_2は安定度指数（x）に対する腐食速度（y）の変化の度合いを表す定数およびK_3は安定度指数（x）に及ぼすシリカの影響を表す定数である。

式（8.3）に基づき図8.3の実験値をカーブフィッティングすると図8.3の実

線のようになる。**図8.5**[91]に，上記の式（8.3）に基づくカーブフィッティング
より得られる各K値とシリカ濃度の関係を示す。

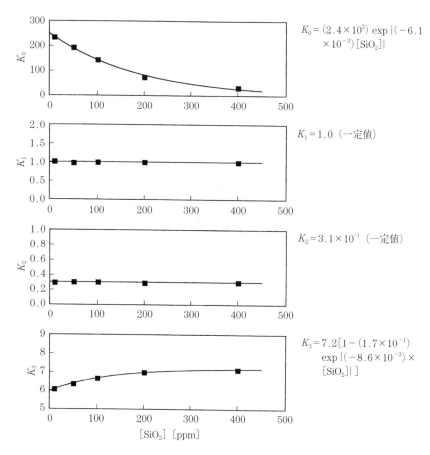

$$K_0 = (2.4 \times 10^2) \exp\{(-6.1 \times 10^{-3})[SiO_2]\}$$

$$K_1 = 1.0 \ （一定値）$$

$$K_2 = 3.1 \times 10^{-1} \ （一定値）$$

$$K_3 = 7.2[1 - (1.7 \times 10^{-1}) \exp\{(-8.6 \times 10^{-3}) \times [SiO_2]\}]$$

図8.5　SiO_2濃度と数値解析より求められた各K値の関係[91]

　これより，シリカ濃度の増加とともにK値に変化の見られたのは，K_0およ
びK_3である。すなわち，数値解析的には

$$K_0 = (2.4 \times 10^2) \exp\{(-6.0 \times 10^{-3})[SiO_2]\}$$

$$K_1 = 1.0 \quad （一定値）$$

$$K_2 = 3.1 \times 10^{-1} \quad （一定値）$$

$$K_3 = 7.2[1 - (1.7 \times 10^{-1}) \exp\{(-8.6 \times 10^{-3}) \times [SiO_2]\}]$$

（[SiO_2]：シリカ濃度）

となる。これらより，K_0はシリカ濃度の増加とともに減少するので，シリカには腐食速度を減少させる効果があることがわかる。さらに，K_3は安定度指数に及ぼすシリカの影響を表し，シリカ濃度とともに6（化学平衡状態での値）から7程度まで増加している。これより，シリカを添加すると式（1.4）に示す化学平衡状態での安定度指数が変化する傾向を示す。すなわち，水質因子としてのシリカは式（1.4）で示されるような安定度指数と腐食速度の関係を変化させる効果を有することがわかる。このため，水質因子としてシリカが存在する場合はRyznarが提案している安定度指数の境界値6への補正が必要であると考えられる。なお，塩素イオンが存在する実験条件での安定度指数や腐食速度に及ぼすシリカの影響も類似の傾向を示している。

（b）　シリカ添加での塩素イオンの影響　　安定度指数や腐食速度に及ぼす塩素イオンの影響を検討するため，シリカ濃度を固定して数値解析を行っている。なお，シリカ無添加での塩素イオンの影響については従来法[9),13)〜15),87),89)]に従うので本実験では省略している。図 **8.6**[91)]に，シリカ濃度を 10 ppm に固

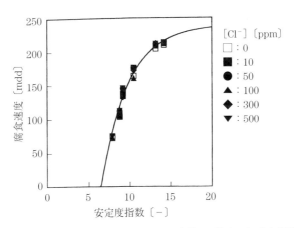

図 8.6　SiO_2 濃度：10 ppm の試験水での各種 Cl^- 濃度における軟鋼の腐食速度と安定度指数の関係[91)]

定した場合での各塩素イオン濃度における安定度指数と腐食速度の関係を示す。「シリカの影響」の場合とは異なり，どの塩素イオン濃度においても安定度指数と腐食速度の関係には変化なく，一つの曲線で示される。他のシリカ濃度（$[SiO_2]=50$，100，200 および $400\,ppm$）についても同様の傾向になる。すなわち，本実験条件において，シリカ添加溶液系では，塩素イオンは式（1.4）で示されるような安定度指数と腐食速度の関係に影響を与えない傾向を示す。

〔2〕 PAA（腐食抑制剤）添加系

PAA 添加系についても PAA 無添加系と同様な考え方で「**安定度指数 ～ 水質因子（シリカと塩素イオン）～ 腐食性**」の関係を精査するため，数値解析を行う。すなわち，図 8.2 の 3 次元プロットを 2 次元プロットに直すと**図 8.7**[92] に示した各水質因子の条件における「安定度指数 ～ 腐食速度」の関係が求まる。図 8.7 のプロットに示されるように腐食速度は安定度指数とともに増加し，最終的に定常状態（または飽和状態）になる傾向を示している。これは，数学的に**飽和を伴う現象**である。

図 8.4 に飽和を伴う現象の概念図を示す。飽和を伴う現象では，横軸 x（安定度指数）に対する縦軸 y（腐食速度）の変化量を α とし，y が β に収束すると考えると，上記で示した式（8.1）～（8.3）に従い解析でき，$K_0 \sim K_3$ が求め

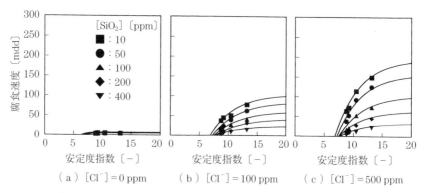

（a）$[Cl^-]=0\,ppm$　　（b）$[Cl^-]=100\,ppm$　　（c）$[Cl^-]=500\,ppm$

図 8.7　50 ppm PAA 含有の各種 Cl^- および SiO_2 濃度における軟鋼の
腐食速度と各種安定度指数の関係[92]

られる。これらの結果を以下に示す。

（a）　PAA 添加系におけるシリカの影響　　PAA 添加系におけるシリカの影響をつぎのように検討する。図8.2の2次元プロットである図8.7となり，式（8.3）に基づき図8.7のプロット（実験値）をカーブフィティングすると図8.7の実線のようになる。**図 8.8**[92)] に上記の式（8.3）に基づくカーブフィティングより得られるシリカ濃度と各 K 値との関係を示す。

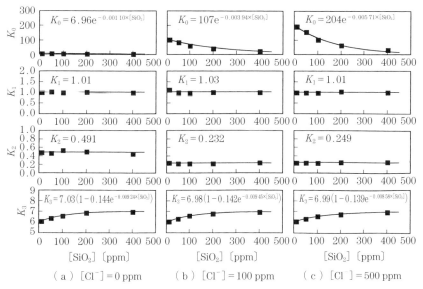

（a）$[Cl^-]=0$ ppm　　　（b）$[Cl^-]=100$ ppm　　　（c）$[Cl^-]=500$ ppm

図 8.8　50 ppm PAA 含有試験液での SiO_2 濃度（$[SiO_2]$）と各種 K 値の関係およびこれより求められる K_n （$n=0$, 1, 2, 3）値[92)]

これより，各塩素イオン濃度においてシリカ濃度の増加とともに K 値に変化が見られたのは，K_0 および K_3 であり，文献91）の無添加の傾向と同様である。すなわち，数値解析的には

図（a）$[Cl^-]=0$ ppm

　　$K_0=(7.0)\exp\{(-1.1\times10^{-3})[SiO_2]\}$

　　$K_1=1.0$　　（一定値）

　　$K_2=4.9\times10^{-1}$　　（一定値）

$$K_3 = 7.0[1 - (1.4 \times 10^{-1}) \exp\{(-9.2 \times 10^{-3})[SiO_2]\}]$$

図（b）$[Cl^-] = 100\,ppm$

$$K_0 = (1.1 \times 10) \exp\{(-3.9 \times 10^{-3})[SiO_2]\}$$

$$K_1 = 1.0 \quad （一定値）$$

$$K_2 = 2.3 \times 10^{-1} \quad （一定値）$$

$$K_3 = 7.0[1 - (1.4 \times 10^{-1}) \exp\{(-8.5 \times 10^{-3})[SiO_2]\}]$$

図（c）$[Cl^-] = 500\,ppm$

$$K_0 = (2.0 \times 10^1) \exp\{(-5.7 \times 10^{-3})[SiO_2]\}$$

$$K_1 = 1.0 \quad （一定値）$$

$$K_2 = 2.5 \times 10^{-1} \quad （一定値）$$

$$K_3 = 7.0[1 - (1.4 \times 10^{-1}) \exp\{(-8.6 \times 10^{-3})[SiO_2]\}]$$

となる。これらより，K_0 はシリカ濃度 $[SiO_2]$ の増加とともに減少するので，無添加系[91]と同様に PAA 添加系においてシリカには腐食速度（y）を減少させる効果（腐食抑制効果）があることがわかる。さらに，K_3 は安定度指数（x）に及ぼすシリカの影響を表し，シリカ濃度 $[SiO_2]$ とともに 6 から 7 程度まで増加している。

　これより，PAA 添加系においてシリカを添加すると式（1.4）に示す化学平衡状態での安定度指数（x）が変化する。平衡状態では飽和指数＝0 であるが，安定度指数の数値は水質条件によって変化し得る。すなわち，水質因子としてのシリカは式（1.4）で示されるような安定度指数（x）と腐食速度（y）の関係に影響を与える。このため，添加系においても水質因子としてシリカが存在する場合は，Ryznar が提案している安定度指数（x）の境界値 6 への補正[87]が必要である。

（b）　PAA 添加におけるシリカ添加溶液での塩素イオンの影響　　PAA 添加系におけるシリカ添加での塩素イオンの影響については，つぎのように検討している。図 8.7 および図 8.8 においてシリカ濃度に対する変化がわかり，塩素イオン濃度に対しても K_0 および K_3 に変化が見られるので，これらについて解析を試みている。まず，塩素イオン濃度と K_0 の関係は**図 8.9**[92]の概念図

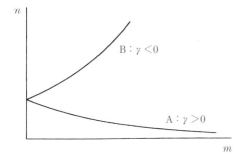

図 8.9 右方（正方向）への下降傾向（A：$\gamma > 0$）および右方（正方向）への上昇傾向（B：$\gamma < 0$）にある曲線の概念図[92]

中に曲線 A で示す右肩下がりの減少とみなされる。

　一般に，**右肩下がり**（図中 A）**や右肩上がり**（図中 B）**の現象**は，横軸 m（各 K 値）に対する縦軸 n（シリカ濃度）の変化量を γ とすると

$$\frac{dn}{dm} = -\gamma n \tag{8.4}$$

と表すことができる。この一般解は

$$n = C' \exp(-\gamma m) \quad (C'：積分定数) \tag{8.5}$$

となる。塩素イオン濃度が増加するに伴い，この右肩下がりの現象に変化が生じている。そこで，式（8.5）について定数の組合せを変え

$$K_0 = L_0 \exp(-L_1[SiO_2]) \tag{8.6}$$

とし，塩素イオン濃度と L_0，L_1 の関係を求めると**図 8.10**[92]となる（L_0 および L_1 は定数で，単位は L_0〔mdd〕および L_1〔ppm^{-1}〕），L_0 は塩素イオン濃度の増加とともに増加し，L_1 は正の値を示す。このことから，K_0 は右肩下がりの現象となり，塩素イオンは腐食速度を増加させる効果があることがわかる。

　つぎに，塩素イオン濃度と K_3 の関係は飽和を伴う現象とみなし

$$K_3 = M_0[1 - \{M_1 \exp(-M_2([SiO_2] - M_3))\}] \tag{8.7}$$

として $M_0 \sim M_3$ の変化を求め，**図 8.11**[92]に示す（$M_0 \sim M_3$ は定数で，単位は M_0〔無次元〕，M_1〔無次元〕，M_2〔ppm〕および M_3〔ppm〕）。しかし，塩素イオン濃度を変化させても $M_0 \sim M_3$ が一定となったため，K_3 も一定となる。このことより，塩素イオンは，安定度指数には影響を及ぼさないことがわかる。

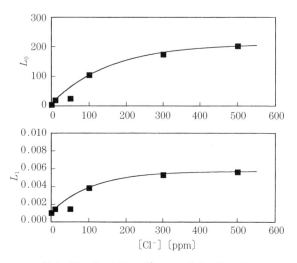

図 8.10　Cl^-濃度（$[Cl^-]$）と図 8.8[92]の SiO_2 濃度（$[SiO_2]$）と K_0 値から決定される各種 L 値の関係　$(K_0 = L_0 \times \exp(-L_1[SiO_2]))$[92]

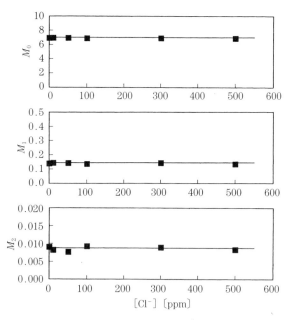

図 8.11　塩化物イオン濃度（$[Cl^-]$）と図 8.8[92]の SiO_2 濃度（$[SiO_2]$）と K_3 値から決定される各種 M 値との関係
$(K_3 = M_0[1 - [M_1 \times \exp(-M_2([SiO_2] - M_3))]])$[92]

これらより，PAA 添加系におけるシリカ添加溶液での塩素イオンの影響は，PAA 無添加系の結果[91]とは異なり，腐植速度には影響を及ぼし（腐食速度増加），安定度指数には影響を及ぼさない。

8.2　安定度指数の補正

本系において，必ずしも安定度指数が対応しないので，対応するよう**安定度指数の補正**を行っている。そのために，**表 8.2**[94]に示す数種の試験溶液を作製して実験を行っている。

表 8.2　試験溶液の水質条件[94]

水質条件	腐食性水質						スケール生成性水質				
pH〔−〕	4.5	5.5	6.0	6.5	7.0	7.4	9.8	10.0	10.0	10.2	10.4
[Ca^{2+}]〔mg $CaCO_3$/dm^3〕	10	10	50	50	100	110	140	140	180	180	180
[M−アルカリ]〔mg $CaCO_3$/dm^3〕	10	10	50	80	100	110	140	140	180	180	180
安定度指数 (SI)〔−〕	14.1	13.1	10.4	9.1	8.7	7.8	5.8	5.4	5.2	4.8	4.4
シリカ濃度 ([SiO_2])〔ppm〕	10,　50,　100,　200,　400										
塩素イオン濃度 ([Cl^-])〔ppm〕	0,　10,　50,　100,　300,　500										

表8.2[94]の水質において，**腐食重量減試験**を行っている。温度25℃，スケール生成性水質で，シリカおよび塩素イオンの濃度を変化させた場合の，各安定度指数における腐食重量減試験の3次元プロットを**図 8.12**[94]に示す。

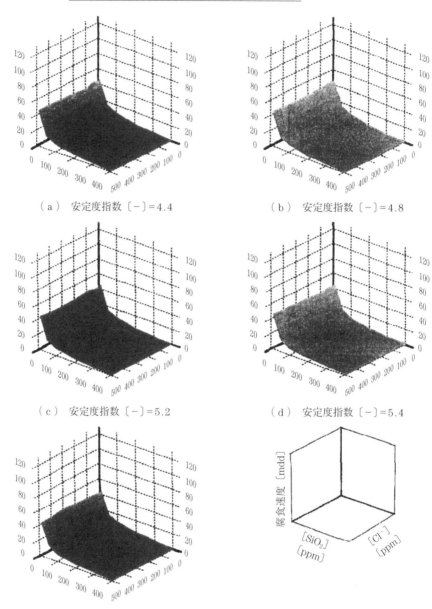

（a）　安定度指数〔−〕=4.4　　（b）　安定度指数〔−〕=4.8

（c）　安定度指数〔−〕=5.2　　（d）　安定度指数〔−〕=5.4

（e）　安定度指数〔−〕=5.8

図 8.12　スケール生成性水質，25 ℃での安定度指数における軟鋼の腐食速度と
　　　　　シリカ（SiO_2）および塩素イオン（Cl^-）の腐食因子の関係[94]

　この結果について2次元化した一例（腐食速度と安定度指数の2次元プロット）を**図8.13**[94]に示す。これより，塩素イオン濃度は，文献91），92）のように安定度指数にあまり影響を及ぼさないが，シリカ濃度は安定度指数に影響を及ぼす。

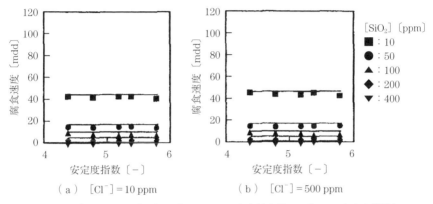

図8.13 塩素イオン（Cl⁻）を含むスケール生成性水質，25℃での安定度指数と腐食速度の関係（図8.12の二次元プロット）[94]

　つぎに，温度40℃，スケール生成性水質で，シリカおよび塩素イオンの濃度を変化させた場合の，各安定度指数における腐食重量減試験の3次元プロットを**図8.14**[94]に示す。この図でわかるように，温度の上昇は，腐食速度を増加させ，シリカ濃度は腐食速度に影響し，塩素イオン濃度は腐食速度に影響しない。換言すると，シリカは腐食速度に影響し，耐腐食性を有する。これは，どの安定度指数においても対応する。

　さらに，温度55℃，腐食性水質で，シリカおよび塩素イオンの濃度を変化させた場合の，各安定度指数における腐食重量減試験の3次元プロットを**図8.15**[94]に示す。この温度（55℃）では，他の温度（25および40℃）に比べて，シリカ濃度 〜 塩素イオン濃度 〜 腐食速度の関係において，大きな変化を示している。

　しかしながら，スケール生成性水質と同様に，シリカ濃度は腐食速度に影響

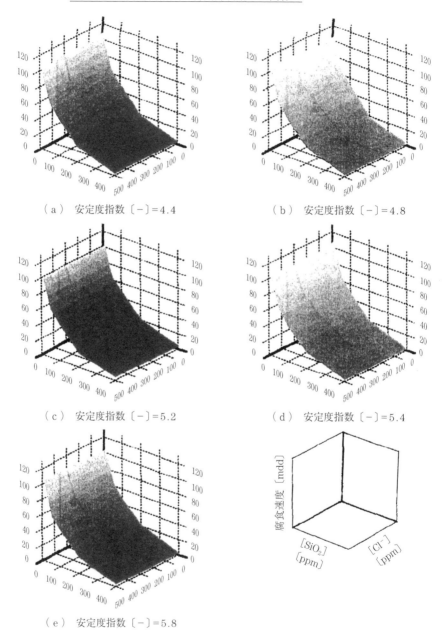

（a） 安定度指数〔-〕=4.4

（b） 安定度指数〔-〕=4.8

（c） 安定度指数〔-〕=5.2

（d） 安定度指数〔-〕=5.4

（e） 安定度指数〔-〕=5.8

図 8.14 スケール生成性水質，40 ℃での安定度指数における軟鋼の腐食速度と
         シリカ（SiO₂）および塩素イオン（Cl⁻）の腐食因子の関係[94]

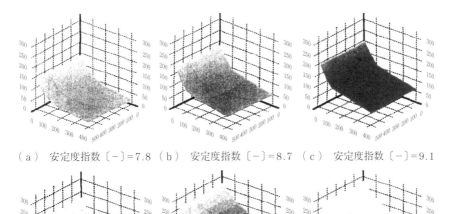

（a） 安定度指数〔-〕=7.8 （b） 安定度指数〔-〕=8.7 （c） 安定度指数〔-〕=9.1

（d） 安定度指数〔-〕=10.4（e） 安定度指数〔-〕=13.1（f） 安定度指数〔-〕=14.1

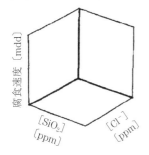

図 8.15 腐食性水質, 55℃での安定度指数における軟鋼の腐食速度とシリカ（SiO₂）およびおよび塩素イオン（Cl⁻）の腐食因子の関係[94]

し, 塩素イオン濃度は腐食速度に影響しない。特に, 安定度指数の減少（pH の酸性域から中性域への変化）とともに, 図のシリカ濃度 〜 塩素イオン濃度 〜 腐食速度の3次元平面の傾きも下方に下がる。すなわち, この条件における安定度指数の減少は, 腐食性の減少に対応する。このことは, **図 8.16**[94]に示す各温度における安定度指数 〜 腐食速度の関係からも理解できる（図中の

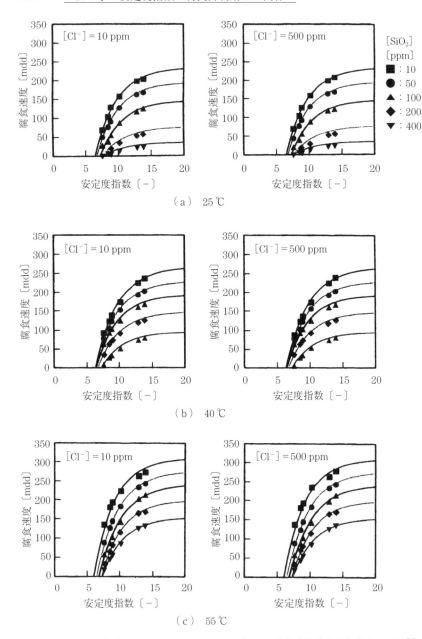

図8.16 腐食性水質における 25, 40 および 55 ℃での安定度指数と腐食速度の関係[94]

プロットが実験データで，実線が数値解析からのカーブフィッティングデータ
である）。温度を 25 ℃ から 55 ℃ までに変化させると，シリカ濃度 ～ 塩素イ
オン濃度 ～ 腐食速度の関係（3 次元プロット）も上方にシフトする。

8.3 安定度指数の数値解析

これら（特に，腐食性水質）の関係より，上記に示した式（8.1）～（8.5）
および概念図：図 8.4 と図 8.9 を用いて，**数値解析**を行う。

腐食性水質における塩素イオン濃度の影響：安定度指数 ～ 腐食速度の関係
に関する数値解析は，一定のシリカ濃度における塩素イオン濃度を変化させ
て，式（8.3）を用いて行う。この場合は従来法[1),9),12)~15)]と同様に解析できる
ので，ここでは説明，議論しない。一例として，**図 8.17**[94)]（図中のプロットが
実験値で，実線が計算値である）に 55 ℃ における結果を示す。この図のよう
に，安定度指数 ～ 腐食速度の関係は，どの塩素イオン濃度のおいても同じで
一つの曲線となる。他の温度（25 および 40 ℃）においても，同様である。す
なわち，塩素イオン濃度は安定度指数 ～ 腐食速度の関係に影響しない。

腐食水質におけるシリカ濃度の影響：安定度指数 ～ 腐食速度の関係につい
てシリカ濃度の影響を検討するため，一定条件の塩素イオン濃度について数値
解析している。解析は，塩素イオン濃度が腐食速度に関係しないので，各シリ
カ濃度において塩素イオン濃度の平均値を使って行う。**図 8.18**[94)]に各温度
（25，40 および 55 ℃）における安定度指数 ～ 腐食速度の関係を示す（式
（8.3）を用いて解析し，図中のプロットが実験値で，実線が計算値である）。

図 8.19[94)]にカーブフィッティングから得られた各温度におけるシリカ濃度
と各 K 値の関係を示す。各温度において K_0 および K_3 はシリカ濃度増加ととも
もに変化し，K_1 および K_2 はシリカ濃度に関係なく一定である。

まず初めに，つねに一定である K_1 および K_2 について考える。K_1 は，安定
度指数の平衡状態値で，安定度指数＝K_3 で特徴づけられる定数なので一定で
あり，腐食も生じない，炭酸カルシウムも生じない状態を概念的に示してい

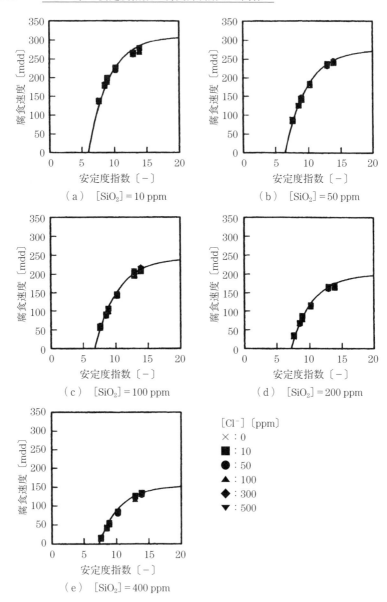

図 8.17　腐食性水質のおける 55 ℃での安定度指数と腐食速度の関係[94]

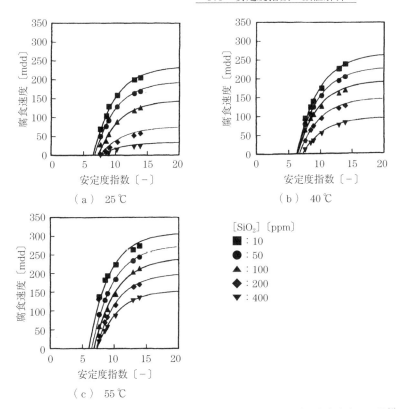

図 8.18 腐食性水質のおける 25, 40 および 55 ℃での安定度指数と腐食速度の関係[94]

る。ここで，図 8.19 で $K_1 = 1$ ということは，本条件を満たし，式 (8.3) が妥当であることを示している。K_2 は，安定度指数 (SI) に対する腐食速度の変化の度合いを示しているので，一定である。換言すると，腐食速度は，安定度指数の増加とともに，増加する。K_2 値は 3.06×10^{-1} であり，シリカ濃度および温度の変化に対して一定である。このことは，どのような試験条件においても同様な挙動を示し，シリカ濃度および温度 (T) の変化は，本腐食抑制機構において，変わらないのである。これらより，式 (8.8) が

$$y = K_0 [1 - \exp\{1 - 3.06 \times 10^{-1}(x - K_3)\}] \tag{8.8}$$

と導かれる。つぎに，K_3 および K_4 について考える。K_0 はシリカ濃度の増加と

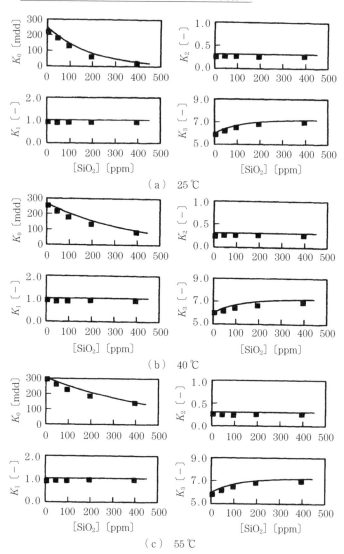

図 8.19　腐食性水質を用いた 25，40 および 55℃ におけるシリカ濃度と
数値解析からの各種 K 値との関係[94]

ともに減少するので，反腐食的な効果を有する。特に，図 8.9（B）で見られ
るように，下向きに変化する傾向（図 8.19），したがって，式（8.5）を解い

た式 (8.9) を用いて解析することができる。

$$K_0 = L_0 \exp\{-L_1[\mathrm{SiO_2}]\} \qquad (L_0,\ L_1:係数) \tag{8.9}$$

　異なった温度での K_0 の比較により，腐食の定常値（定常値）を増加させる効果，すなわち，温度増加は K_0 増加なので腐食を強める効果がある。K_0 においては式 (8.10) ～ (8.12) のように温度の効果を考慮する必要がある。

$$K_0 = 2.420 \times 10^2 \exp\{-5.11 \times 10^{-3}[\mathrm{SiO_2}]\} \qquad (25\,℃) \tag{8.10}$$

$$K_0 = 2.657 \times 10^2 \exp\{-2.96 \times 10^{-3}[\mathrm{SiO_2}]\} \qquad (40\,℃) \tag{8.11}$$

$$K_0 = 3.047 \times 10^2 \exp\{-1.88 \times 10^{-3}[\mathrm{SiO_2}]\} \qquad (55\,℃) \tag{8.12}$$

これらに結果は，T は L_0 と L_1 に影響し，L_0-T および L_1-T の式が，それぞれ式 (8.13) および式 (8.14) となる。

$$L_0 - 2.09T + 1.872 \times 10^2 \tag{8.13}$$

$$L_1 = -1.08 \times 10^{-4}T + 7.62 \times 10^{-3} \tag{8.14}$$

これらの式の結果を式 (8.9) に代入すると，式 (8.15) が得られる。

$$K_0 = (2.09T + 1.872 \times 10^2)$$
$$\times \exp\{-(-1.08 \times 10^{-4}T + 7.62 \times 10^{-3})[\mathrm{SiO_2}]\} \tag{8.15}$$

　つぎに，K_3 は腐食速度が 0 のときの安定度指数であり，図 8.19 で示したようにシリカ濃度（$[\mathrm{SiO_2}]$）の増加とともに 6 ～ 7 ぐらいまで変わる。このことは，シリカの添加は腐食速度が 0 のとき，つまり腐食の平衡状態のときの安定度指数の変化を引き起こすことを示している。K_3 が温度変化に対して無変化であることが残っているが，そのことは単にシリカ濃度に依存するということである。K_3 は，図 8.19 で示したように，温度による影響がないので，概念図：図 8.4 のように挙動する。これより，式 (8.3) を参照して次式となる。

$$K_3 = M_0[1 - M_1 \exp\{-M_2([\mathrm{SiO_2}] - M_3)\}] \tag{8.16}$$
$$(M_0,\ M_1,\ M_2\ および\ M_3:定数)$$

式 (8.3) で使用した方法と同様に，式 (8.16) を解析すると次式となる。

$$K_3 = 7.21\{1 - 1.71 \times 10^{-1} \exp(-8.59 \times 10^{-2}[\mathrm{SiO_2}])\} \tag{8.17}$$

式 (8.15) と式 (8.17) を参照して，式 (8.8) は次式となる。

$$y = K_0[1 - \exp\{-3.06 \times 10^{-1}(x - K_3)\}] \tag{8.18}$$

すなわち

$$K_0 = (2.09\,T + 1.872 \times 10^2)\,\exp\{-1.08 \times 10^{-1}(x - K_3)\} \tag{8.19}$$

$$K_3 = 7.21\{1 - 1.71 \times 10^{-1}\exp(-8.59 \times 10^{-3}[\mathrm{SiO_2}])\} \tag{8.20}$$

安定度指数の補正：補正安定度指数：上記のことより，シリカ濃度は腐食速度と安定度指数に影響を与えるので，シリカ含有溶液中での安定度指数（SI）については補正が必要である。安定度指数は，シリカ濃度の増加と式（8.8）の関係より 6 ～ 約 7 まで増加するので，新しい安定度指数，すなわち，**補正安定度指数**はつぎのように表せる。

$$(補正安定度指数) = (安定度指数) - K_3 = x - K_3 \tag{8.21}$$

式（8.21）を使って，最終的に式（8.8），式（8.19）および式（8.20）を書き直すと，つぎの 3 式となる。

$$y = K_0\{1 - \exp(-3.06 \times 10^{-1}\,(補正安定度指数))\} \tag{8.22}$$

$$K_0 = 2.09T + 1.872 \times 10^2)\,\exp\{-(-1.08 \times 10^{-4}T + 7.62 \times 10^{-3})[\mathrm{SiO_2}]\} \tag{8.23}$$

$$(補正安定度指数) = x - 7.21\{1 - 1.71 \times 10^{-1}\exp(-8.59 \times 10^{-3}[\mathrm{SiO_2}])\} \tag{8.24}$$

（y：腐食速度〔mdd〕，K_3：腐食速度の飽和値に影響を及ぼす数値〔mdd〕，T：温度〔℃〕，$[\mathrm{SiO_2}]$：シリカ濃度〔mg SiO₂/dm³〕，x：安定度定数〔－〕）

得られた補正安定度指数の平衡値は 0（補正安定度指数＝0 は，安定度指数＝6 に相当）。この式（8.22）～（8.24）を用いると，① 腐食速度，したがって，任意温度での水質の腐食性と安定度指数を含む腐食係数を予測でき，および，② シリカ濃度の制御と腐食抑制を通して腐食速度を制御できる。また，補正安定度指数 ～ 腐食速度の関係において，合理的な実証式である式（8.22）～（8.24）は，シリカ濃度の効果を考慮に入れている点である。このように，補正安定度指数を，水誘導装置系（冷却水系，ボイラー系など）で鉄の腐食を予測および制御できる，水の腐食性の新規な指数として提案する。

8.4 水の安定度指数と腐食抑制剤との関係

以上より結論として，つぎのことがいえる。

（1） 腐食抑制剤（PAA）無添加系において，水の腐食性の指標である安定度指数および軟鋼の腐食速度に及ぼすシリカ（SiO_2），塩化物イオン（Cl^-）などの水質因子の影響を検討している。シリカには腐食抑制効果があり，さらに，シリカ添加により化学平衡状態での安定度指数を変化させる傾向がある。また，シリカ添加において塩化物イオンは安定度指数や腐食速度に影響を与えないことが明らかとなる。

（2） 腐食抑制剤であるPAA添加系において，水の腐食性の指標である安定度指数および軟鋼の腐食速度に及ぼすシリカおよび塩化物イオンなどの水質因子の影響を検討したところ，つぎのような結論を得ている。

（2.1） 腐食重量減試験より，PAA添加系では無添加系の結果に比べて全般的に腐食速度は減少したが，腐食速度はシリカ濃度および塩化物イオン濃度（$[Cl^-]$）に依存している。また，添加系でもシリカおよび塩化物イオン添加系の溶液において安定度指数が小さくなるほど腐食性が弱くなる傾向を示している。

（2.2） 数値解析より，無添加系と同様に，PAA添加系においてシリカには腐食抑制効果があり，さらに，シリカ添加により式（1.4）に示すような化学平衡状態での安定度指数を変化させる傾向が示されている。

（2.3） 数値解析より，PAA添加系におけるシリカ添加溶液での塩化物イオンの影響は，PAA無添加系の結果とは異なり，腐食速度には影響を及ぼし，安定度指数には影響を及ぼさない傾向となる。

（3） シリカの腐食抑制を説明する新しい安定度指数（SI），すなわち，補正安定度指数および新しい実証的な経験式（式（8.22）〜（8.24））を提案している。特徴的な点は，従来の安定度指数の平衡条件は，安定度指数＝6であるが，それを補正安定度指数＝0とし，明確にわかりやすくし，さらに，シリカ

濃度の制御により, 鉄 (Fe(II)) の腐食を抑制できる点である。

$$y = K_0 \{1 - \exp(-3.06 \times 10^{-1} \text{(補正安定度指数)})\} \qquad (8.22) \text{ 再掲}$$

$$K_0 = 2.09T + 1.872 \times 10^2) \exp\{-(-1.08 \times 10^{-4}T + 7.62 \times 10^{-3})[\text{SiO}_2]\}$$
$$(8.23) \text{ 再掲}$$

$$\text{(補正安定度指数)} = x - 7.21\{1 - 1.71 \times 10^{-1} \exp(-8.59 \times 10^{-3}[\text{SiO}_2])\}$$
$$(8.24) \text{ 再掲}$$

(y：腐食速度〔mdd〕, K_3：腐食速度の飽和値に影響を及ぼす定数〔mdd〕, T：温度〔℃〕, $[\text{SiO}_2]$：シリカ濃度〔mg SiO$_2$/dm^3〕, x：安定度指数〔-〕)

■ コラム⑮　数値解析の思い出

　数値解析といっても, 実験に伴う数値解析やシミュレーションは, 腐食・防食科学・工学において, この内容以外にも多数行ってきた。例えば, 鉄筋コンクリートの成分に山砂ではなく海砂を使うと非常に早く鉄筋が錆びる事例が高度成長期に多々あった。これは高度成長期に多くのビルが乱立する勢いで建設したために山砂不足になり海砂を使用したのが原因である。海砂の中に塩素成分（塩素イオンなど）が多数あるため, その影響で腐食が進行している。そのために, 鉄筋コンクリートのビルなどを壊さないで, 詳細に評価できる方法を研究していた。そこで, 考えたのがγ線である。γ線を用いた非破壊法によるセメントペーストやモルタルに埋設した鋼材の腐食探査を行った。これは, 学術的には有効な結果が得られ, Zairyo-to-Kankyo 誌に掲載された。それ以外にも, 違う環境に埋設した鋼材について, マイクロ波を用いた埋設鋼材の非破壊的腐食探査なども行っている。実際に非破壊のため, 目視による観察・確認ができず, 妥当性があるか, ないかなど, 非常に苦労したのを思い出した。

【参考文献】
1) 関根　功, 湯浅　真, 堀田彰彦：Zairyo-to-Kankyo（材料と環境）, **41**, 3, p.161(1992)
2) 関根　功, 湯浅　真, 堀田彰彦, 野呂正人, 吉田敏明, 植松健二：Zairyo-to-Kankyo（材料と環境）, **41**, 5, p.299(1992)

9. おわりに

本書のおわりに，本高分子化合物類の腐食抑制剤をまとめると，1章の表1.1
における腐食抑制剤の分類で述べた「作用機構による分類」から考えることが
できる。すなわち，これらの高分子腐食抑制剤は，LC水およびHC水の条件
に応じて，さらに，分子の構造（カルボン酸残基含有高分子およびポリフェ
ノール残基含有高分子）に応じて，3）吸着皮膜型および1）酸化皮膜型（さ
らに脱酸素剤）に分類できる。それを**表9.1**に示す。すなわち，これは目次
の順に対応している。

すなわち，柔軟な合成が可能で，かつ，多様性があり，高い機能（腐食抑制
能）を有する腐食抑制剤として，高分子腐食抑制剤が注目できる。

以上，簡単ではあるが，高分子系化合物類を用いた腐食抑制剤について，説
明している。

表9.1 高分子腐食抑制剤の分類

1） 酸化皮膜型高分子腐食抑制剤   ＝ポリフェノール系高分子腐食抑制剤（3章および4章） 1.1） 天然ポリフェノール系高分子腐食抑制剤 1.2） 合成ポリフェノール系高分子腐食抑制剤
2） 吸着皮膜型高分子腐食抑制剤   ＝ポリカルボン酸系高分子腐食抑制剤（5章，7章および8章） 2.1） 合成ポリアクリル酸系高分子腐食抑制剤：単独重合体 2.2） 合成ポリアクリル酸系高分子腐食抑制剤：二元および三元共重合体 2.3） 高分子間コンプレックス（PPC）系
3） 1）＋2）系高分子腐食抑制剤   ＝合成ポリフェノール＋ポリアクリル酸系複合型高分子腐食抑制剤（6章）

謝　辞

　本書籍の執筆にあたり，共同研究を行って頂いたオルガノ株式会社 和氣敏治様（東京理科大学工学博士取得者），村田浩陸様，今濱敏信様，柴田芳昭様（東京理科大学工学博士取得者），宇田川淳様（東京理科大学大学院修了生）ならびに共同研究および出版社への有益な助言を賜ったオルガノ株式会社 染谷新太郎様，水の安定度指数における解析手法を教えて頂いた元東京理科大学理工学部の桃澤信幸先生に深く感謝申し上げます。さらに，このような研究を長く，深くできたのも，非常に優秀な研究室の大学院生，卒研生の皆様のおかげであると考えております。ここに，深く感謝申し上げます。また，このような執筆の機会を与えて下さったコロナ社の皆様に感謝申し上げます。なお，このような研究を推進するにあたり，蔭ながら湯浅を励まし，助力頂いた家族（亡き家内と二人の娘）に深く，深く，深く感謝申し上げます。皆様，どうもありがとうございました。

引用・参考文献

1) 腐食防食協会（現 腐食防食学会）編：腐食・防食ハンドブック，p. 501，丸善（2000）

2) a）関根　功，湯浅　真：材料技術，**10**，7，p. 212（1992）；b）関根　功，湯浅　真：表面，**33**，3，p. 191（1995）；c）湯浅　真：配管技術，2002 年 11 月号，p. 15

3) I. Sekine, T. Shimode, M. Yuasa, K. Takaoka：*Ind. Eng. Chem. Res.*, **29**, 7, p. 1460（1990）

4) I. Sekine, T. Shimode, M. Yuasa, K. Takaoka：*Ind. Eng. Chem. Res.*, **31**, 1, p. 434（1992）

5) 関根　功，坂本宗陽，湯浅　真，高岡浩一，内藤雅寛：色材，**68**，p. 324（1995）

6) I. Sekine, T. Suzuki, M. Yuasa, K. Handa, K. Takaoka, L. Silao：*Prog. Org. Coats.*, **31**, 1-2, p. 185（1997）

7) H. Shokry, I. Sekine, M. Yuasa, H. Y. El-Baradie, G. K. Gomma, R. M. Issa：*Zairyo-to-Kankyo*（材料と環境），**47**, 7, p. 447（1998）

8) H. Shokry, M. Yuasa, I. Sekine, M. Issa, H. Y. El-Baradie, G. K. Gomma：*Corr. Sci.*, **40**, 12, p. 2173（1998）

9) 総説として，吉田浩二：配管技術，'87 増刊号，p. 186（1987）

10) Reviewed by, D. L. Lake：*Corrs. Prev. & Control.*, **35**, 4, p. 113（1988）

11) 柴田孝則，服部浩典，伊藤賢一：特開平 8-74076

12) 山本大輔，植木　決，高橋知行：金属表面技術，**29**，p. 13（1978）

13) 厚生省環境衛生局水道環境部 監修：水道維持管理指針，p. 127，p. 234，日本水道協会（1982）

14) 高崎新一：防錆管理，**32**，p. 161（1988）

15) 森田博志：表面技術，**50**，p. 27（1999）

16) 湯浅　真，坂井祐介，関根　功，桃澤信幸，和氣敏治，村田浩陸，柴田芳昭，染谷新太郎：*Zairyo-to-Kankyo*（材料と環境），**49**，9，p. 568（2000）

17) 湯浅　真，秋津貴城：錯体化学の基礎と応用，コロナ社（2014）

18) 柴田芳昭，今濱敏信，関根　功，湯浅　真，所　和彦，押部哲治，飯島根子，

杉山葉子：色材，**68**，5，p. 277（1995）

19) D. R. Robitaille：*Chem. Eng.*, **89**, 20, p. 139（1982）

20) P. Labine, T. Wells, J. Minalga, S. Roberts, B. Ritts：*Corrosion*, **82**, p. 227（1982）

21) C. Oneal Jr., R. N. Borger：*Mater. Performance*, **15**, 2, p. 9（1976）

22) 花田博甫：防錆管理，**32**，p. 29（1988）

23) A. W. Armour, D. R. Robitaille：*J. Chem. Technol. Biothecnol.*, **29**, 10, p. 619（1979）

24) M. J. Pryor, M. Cohen：*J. Electrochem. Soc.*, **100**, 5, p. 203（1953）

25) E. A. Lizlovs：*Corrosion*, **32**, p. 263（1976）

26) M. A. Stranick：*Corrosion*, **40**, p. 296（1984）

27) T. Kodama, R. Ambrose：*Corrosion*, **33**, p. 155（1977）

28) 柴田芳昭，関根　功，湯浅　真，関口紀子：色材，**69**，9，p. 569（1996）

29) 近藤　保，鈴木四郎：生活の界面科学，p. 50，共立出版（1991）

30) 末高　治：日本金属学会会報，**12**，11，p. 801（1973）

31) 荒牧國次：*Zairyo-to-Kankyo*（材料と環境），**53**，7，p. 348（2004）

32) 荒牧國次：*Zairyo-to-Kankyo*（材料と環境），**56**，6，p. 243（2007）

33) 荒牧國次：*Zairyo-to-Kankyo*（材料と環境），**56**，7，p. 292（2007）

34) 荒牧國次：*Zairyo-to-Kankyo*（材料と環境），**56**，12，p. 542（2007）

35) 能登谷武紀：防食技術，**27**，12，p. 661（1978）

36) a）B. Scrivenand, T. R. Winter：*Anti-Corrosion*, **25**, 10（1978）；b）JIS B 8223：ボイラ水の給水およびボイラ水の性質（1989）

37) T. E. Morris, A. J. Seavall, N. R. Whitehouse：*Ind. Corrosion*, **5**, C2（1987）

38) a）T. K. Ross, R. A. Francis：*Corros. Sci.*, **18**, 4, p. 352,（1978）；b）A. J. Seavall：*J. Oil Colour Chem. Assoc.*, **61**, p. 439（1978）；c）D. Vacchini：*Anti-Corrosion*, **32**, 9, p. 9（1985）；d）R. E. Cromarty：*Chem. Assoc.*, **61**, p. 439（1978）；e）S. Frondistou-Yannas：*J. Protective Coatings & Linings*, **26**（1986）；f）P. J. DesLauriers：*Mater. Perform.*, **26**, p. 35（1987）

39) a）渡辺　孝，川崎博信，垂水英一，門　智：金属表面技術，**29**，1，p. 38（1978）；b）渡辺　孝，垂水英一：化学工業，**29**，11，p. 1142（1978）；c）小松永裕，金沢　実，玉置　篤，香取典男：防錆管理，**22**，11，p. 9（1978）

40) a）E. Ivanov, Y. I. Kuznerson：*Zashch. Met.*, **24**, p. 36（1988）；b）E. Ivanov, I. Kuznerson：Zashch. Met., **26**, p. 48（1990）

41) a）R. N. Parkins, A. S. Pearce：*Proc. 2nd Int. Congress Metal Corrosion*, p. 646（1966），b）J. Weber：*British Corrosion J.*, **14**, p. 69（1979）；c）S. P. Rosen-

berg：*Corrosion Australasia*, **11**（1987）；d）N. A. J. Ahmad, M. I. Ismail, R. S. Al-Ameeri：*Corrosion Prevention & Control*, **122**（1987）

42）　a）T. Okuda, T. Yoshida, M. Kuwahara, M. U. Memon, T. Shingu：*Chem. Pharm. Bull.*, **32**, 6, p. 2165（1984）；b）G. Chiavari, P. Vitaali, G. C. Galletti：*J. Chromatography A*, **392**, p. 426（1987）；c）G. Chiavari, V. Concialini, G. C. Galletti：*Analyst*, **113**, 1, p. 91（1988）；d）P. J. Hayes, M. R. Smyth, I. McMurrough, *Analyst*, **112**, 9, p. 1197（1987）；e）原田正敏 編：医薬品の開発 2 医薬活性物質 I，p. 209，廣川書店（1989）

43）　柴田芳昭，城元孝之，所　和彦，湯浅　真，関根　功，今濱敏信，和氣敏治：*DENKI KAGAKU*, **61**，8，p. 992（1993）

44）　柴田芳昭，今濱敏信，和氣敏治，関根　功，川瀬哲也，城元孝之，湯浅　真：*Zairyo-to-Kankyo*（材料と環境），**41**，8，p. 525（1992）

45）　R. M. Silverstein, G. C. Bassler, T. C. Morrill 著，荒木　峻，益子洋一郎 訳：有機化合物のスペクトルによる同定法（第 3 版），p. 211，東京化学同人（1976）

46）　a）V. Tulyathan, R. B. Boulton, V. L. Singleton：*J. Agri. Food Chem.*, **37**, 4, p. 844（1989）；b）H. Kipton, J. Powell, C. Taylor：*Aust. J. Chem.*, **35**, 4, p. 739（1982）

47）　松浦輝男：合成化学シリーズ 酸素酸化反応 －酸素および酸素活性種の化学－，p. 181，丸善（1977）

48）　柴田芳昭，城元孝之，湯浅　真，関根　功，今濱敏信，和氣敏治：表面技術，**44**，4，p. 347（1993）

49）　腐食防食協会（現 腐食防食学会）編：防食技術便覧，日刊工業新聞社（1986）

50）　I. Sekine, T. Hayakawa, T. Negishi, M. Yuasa：*J. Electrochem. Soc.*, **137**, 3029（1990）

51）　K. Asami, K. Hashimoto：*Corros. Sci.*, **17**, p. 559（1977）

52）　a）伊藤伍郎：鉄と鋼，**63**，2，p. 345（1977）；b）三沢俊平：防食技術，**37**，8，p. 501（1988）

53）　a）M. G. Noack：*Int. Corrosion Forum*, Paper No.173（1986）；b）M. G. Noack：*Int. Corrosion Forum*, Paper No.436（1989）

54）　a）C. Gabrielli：Identification of Electrochemical Processes by Frequency Response Analysis Solartoron Electronic Group, New York（1980）；b）D. C. Silverman：Electrochemical Techniques for Corrosion Engineering, R. Baboian, Eds., p. 73, National Association of Corrosion Engineers（NACE）, Housgon（1986）

55）　a）K. S. Cole, R. H. Cole：*J. Chem. Phys*, **9**, p. 341（1941）；b）M. W. Kending, E.

M. Meyer, G. Lindberg, F. Mansfeld：*Corrosion Sci.*, **23**, p. 1007（1983）；c）D. C. Silvermann, J. E. Carrico：*Corrosion*, **44**, 5, p. 280（1988）

56) I. Sekine, K. Sakaguchi, M. Yuasa：*J. Coatings Tech.*, **64**, 810, p. 45（1992）

57) 郭　稚弧, 森山圭治, 木谷　浩, 佐々木和夫：電気化学, **59**, 11, p. 999（1991）

58) 関根　功, 所　和彦, 湯浅　真, 今濱敏信, 柴田芳昭：色材, **69**, 4, p. 221（1996）

59) 湯浅　真, 所　和彦, 中川武司, 今濱敏信, 柴田芳昭, 和氣敏治：表面技術, **51**, 5, p. 524（2000）

60) 岡本　剛, 井上勝也：腐食と防食, p. 117, 日本化学会, 大日本図書（1977）

61) 伊藤伍郎：腐食科学と防食技術, p. 381, コロナ社（1969）

62) ウェスト 著, 石川達雄, 柴田俊夫 訳：電析と腐食, p. 122, 産業図書（1977）

63) I. Sekine, M. Sanbongi, H. Hagiuda, T. Oshibe, M. Yuasa, T. Imahama, Y. Shibata, T. Wake：*J. Electrochem. Soc.*, **139**, 11, p. 3167（1992）

64) 和氣敏治, 村田浩睦, 関根　功, 川田抹夫, 山口有朋, 湯浅　真：*Material Technology*, **21**, p. 171（2003）

65) 和氣敏治, 村田浩睦, 柴田芳昭, 関根　功, 池田礼子, 福島早左紀, 諸岡正浩, 山口有朋, 湯浅　真：*Material Technology*, **21**, 5, p. 203（2003）

66) 湯浅　真, 三本木満, 佐藤以久子, 押部哲治, 関根　功, 柴田芳昭, 今濱敏信, 和気敏治：*Zairyo-to-Kankyo*（材料と環境）, **42**, 7, p. 442（1993）

67) 関根　功, 湯浅　真, 飯田知宏, 柴田芳昭, 村田浩陸：*Zairyo-to-Kankyo*（材料と環境）, **46**, 6, p. 373（1997）

68) 関根　功, 湯浅　真, 若山敦子, 柴田芳昭, 村田浩陸：*Zaiyo-to-Kankyo*（材料と環境）, **47**, 11, p. 708（1998）

69) 湯浅　真, 押部哲治, 石井辰宏, 鈴木　篤, 相沢　匡, 矢島秀治, 秋山一成, 関根　功, 今濱敏信, 和気敏治, 村田浩陸, 柴田芳昭：表面技術, **50**, 12, p. 1147（1999）

70) 岡本　俊：日本化学会誌, **1986**, 9, p. 1153（1986）

71) I. Sekine, T. Hayakawa, T. Negishi, M. Yuasa：*J. Electrochem. Soc.*, **137**, 10, p. 3029（1990）

72) 山崎一雄, 山寺秀雄 編：無機化学全書 別巻 錯体上, 4章, p. 69, 丸善（1971）

73) 島津製作所：島津 X 線光電子分析装置 ESCA アプリケーションデータ集.

74) A. Harris, A. Marshall：*Corros. Prev. Control.*, **28**, p. 18（1990）

75) 岡本　俊, 林　史郎：日本化学会誌, **1988**, 3, p. 266（1988）

76) 岡本　俊, 川村　高：日本化学会誌, **1989**, 6, p. 938（1989）

77) 関根　功, 小村　亮, 湯浅　真, 和氣敏治, 村田弘睦, 染谷新太郎, 宇田川

淳：表面技術，**50**，8，p. 751（1999）

78）a）土田英俊，長田義仁：高分子，**22**，7(256)，p. 384（1973）；b）高分子学会 高分子実験学 編集委員会 編：高分子実験学 7　機能高分子，p. 489，共立出版（1974）

79）湯浅　真，諸岡正浩，石田直美，岡村奈緒，関根　功，和氣敏治，今浜敏信，村田浩陸，柴田芳昭：表面技術，**51**，11，p. 1148（2000）

80）諸岡正浩，関根　功，棚木敏幸，廣瀬徳豊，湯浅　真：*Zairyo-to-Kankyo*（材料と環境），50，3，p. 106（2001）

81）湯浅　真，諸岡正浩，川合あさみ，関根　功，棚木敏幸，廣瀬徳豊：*Mater. Technol.*，**19**，6，p. 274（2001）

82）湯浅　真，川合あさみ：*Zairyo-to-Kankyo*（材料と環境），**51**，3，p. 105（2002）

83）長田義仁：化学の領域，**25**，7，p. 625（1971）

84）R. M. Silverstein 著，荒木　峻 訳：有機化合物のスペクトルによる同定法（第5版），東京化学同人（1992）

85）唐津　孝 他：構造解析学，朝倉書店（1995）

86）染野　檀，安盛岩雄 編：表面分析，講談社サイエンティフィク（1976）

87）総説として，藤井哲雄：表面技術，**51**，2，p. 134（2000）

88）柴田孝則，服部浩典，伊藤賢一：特開平 8-74076.

89）山本大輔，植木　決，高橋知行：金属表面技術，**29**，5，p. 231（1978）

90）JIS B8223

91）湯浅　真，坂井祐介，関根　功，桃澤信幸，和氣敏治，村田浩陸，柴田芳昭，染谷新太郎：*Zairyo-to-Kankyo*（材料と環境），**49**，9，p. 568（2000）

92）湯浅　真，坂井祐介，藤枝　崇，関根　功，桃澤信幸，和氣敏治，村田浩陸，柴田芳昭，染谷新太郎：*Zairyo-to-Kankyo*（材料と環境），**50**，12，p. 558（2001）

93）I. Sekine, T. Shimode, M. Yuasa, K. Takaoka：*Ind. Eng. Chem. Res.*，**29**，7，p. 1460（1990）

94）M. Yuasa, T. Wake, T. Fujieda, N. Momozawa, A. Yamaguchi, Y. Shibata, S. Someya, A. Takahashi：*Zairyo-to-Kankyo*（材料と環境），**52**，8，p. 408（2003）

95）柏原正純：工業用水，**251**，p. 18（1979）

索　　引

—— 著 者 略 歴 ——

1983 年 早稲田大学理工学部応用化学科卒業
1985 年 早稲田大学大学院理工学研究科修士課程修了（応用化学専攻）
1988 年 早稲田大学大学院理工学研究科博士後期課程修了（応用化学専攻）
     工学博士
1998 年 東京理科大学助教授
2001 年 東京理科大学教授
     現在に至る

腐食抑制剤の基礎と応用 —— 高分子化合物を中心に ——

Fundamentals and Applications of Inhibitor
——Focusing on Polymer Compounds as Corrosion Inhibitor——

© Makoto Yuasa 2023

2023 年 12 月 27 日　初版第 1 刷発行

検印省略		

著　者　湯　浅　　　真
発 行 者　株式会社　コ ロ ナ 社
代 表 者　牛 来 真 也
印 刷 所　壮 光 舎 印 刷 株 式 会 社
製 本 所　株式会社　グ リ ー ン

112-0011　東京都文京区千石 4-46-10
発 行 所　株式会社 コ ロ ナ 社
CORONA PUBLISHING CO., LTD.
Tokyo Japan
振替00140-8-14844・電話(03)3941-3131(代)
ホームページ　https://www.coronasha.co.jp

ISBN 978-4-339-06667-8　C3043　Printed in Japan　　　　（森岡）